環境問題の論点

環境問題の論点

沼田　眞　著

信山社サイテック

目　次

序 …………………………………………………… 一
（一）学問の世界へ　1
（二）海岸植物から竹林へ　2
（三）自然保護とのかかわり　3
（四）ヒマラヤと都市と　4
（五）哲学と生態学　6
第一章　環境とは …………………………………… 九
一、生物にとって環境とは何か …………………… 九
（一）環境の科学　9
（二）環境観　11
（三）環境評価　15
（四）生理的最適域と生態的最適域　18
二、生物と人間の環境 ……………………………… 二三
（一）自然の中の生物と人間　23

目次

(二) 生態系と生物圏 24
(三) 人間環境の望ましい姿 26
三、生態学的にみた環境問題……二九
(一) 生態学における「環境」と「人間」 34
(二) 生態系の中の人間 36
第二章 環境問題への世界の動向……三九
一、環境問題の要点……三九
(一) 経済発展か、自然保護か 40
(二) 人工的に環境をかえる開発に持続性はありえない 42
(三) これからのキーワードは持続性、多様性、環境倫理 47
二、開発の思想……四八
(一) 環境問題への国際的対応 48
(二) 人間環境会議の提起した諸問題―とくに天然資源管理を中心に 52
(三) 日本列島改造論批判 59
(四) 開発の思想と自然保護 63
三、持続可能な開発について……六六
第三章 環境問題への取り組み……六九
一、世界の動き……六九

（一）一九六〇年代以降のエコロジー運動　69
（二）一九九〇年の国際生態学会議　71
二、国連人間環境会議の位置づけ……七六
（一）ストックホルム会議　76
（二）環境と開発に関する世界委員会　81
（三）リオの地球サミット　83
（四）ストックホルム会議をふりかえって　85

第四章　深刻化する環境破壊……九七
一、環境破壊はどこまでいくか……九七
（一）熱帯林の破壊　97
（二）わが国の森林破壊　98
（三）草原の破壊　99
（四）サンゴ礁と空港　100
（五）遺伝資源―種と群落　101
（六）寒冷化と温暖化　102
（七）オゾン層の破壊　103
二、生態的災害について……一〇五
（一）生態的災害について　105

目　次

（二）身近な例から　106
（三）自然に抗して災害を起した例　112
第五章　自然の持続的利用……一一五
一、生態系の多様性と持続性……一一五
（一）生態系と環境　115
（二）多様性について　118
二、自然と人間との共生・共存……一二六
（一）共生と共存　126
（二）人口と食糧　127
（三）持続的開発　129
（四）生物圏保護区（バイオスフィア・リザーブ）　130
（五）野生動物のすみか　132
三、持続的利用の論点……一三四
（一）「捕鯨問題」の議論から　134
（二）森林とは何か　136
（三）「環境容量」と「持続的利用」　137
（四）モントレーという町の魅力　139
（五）ロンドンのど真ん中の緑　142

（六）森と動物学者の発想　144
四、自然環境の賢明な利用 ……………………………… 一四六
（一）ワイズユース＝賢明な利用とは　146
（二）世界遺産条約に二〇年間未加盟だった日本　148
（三）「木を切るなら私を切れ」　150
（四）異議申し立てで林道づくりをストップ　152
（五）消える照葉樹林地帯　153
（六）開発と乱獲による絶滅　155
（七）計画アセスメントとモニタリングの必要性　156
（八）自然公園法と都市公園法　158
（九）自然環境をめぐる法制定の流れ　160
編集後記 ……………………………………………… 一六三

序

(一) 学問の世界へ

子供の頃私は埼玉県浦和に住んでいて、小学校にあがる前の五～六才の頃、近所のT君という親友と毎日のように沼と雑木林のあるところに行って釣りをしたり、植物を採集したり、砂利の中の変った石を集めたりしたことが、私にとっての幼い頃の強烈な思い出としてある。

小学校や旧制の中学校では格別の思い出もないが、ただサッカーに熱中してあまり勉強はしなかった。しかし、幼児時代の自然誌志向は続いていたし、父が教師であったため、私も跡を継ぐ気持で東京高等師範学校(現筑波大学)の生物系の理科三部に入学した。

その当時は、上海事変などがあって戦時気分が盛り上がり、物理学を専門としていた父からは「生物なんかやっても飯は食えぬぞ」といわれたりした。しかし、私の学問に対する気持はますます高まって、四年制の高等師範を卒業しないで、三年終了の時点で東京文理科(現筑波)大学に進んだ。

この当時、私は物事の根源的なものを突き止めたいという哲学志向が強く、『科学史の哲学』を書かれ、今西錦司氏とも親しかった下村寅太郎先生の門を叩いた。

同じ頃、ゲーテの植物学にも熱中しており、また生物学史にも興味があって、先生とたびたび議論をしたことがあった。それが私の研究に対する糧となり、後に『生物学思想史の研究』で、昭和二二（一九四七）年度文部省人文科学研究費を受けることになった。

一方、私はゲーテの原型論からA・フォン・フンボルトの相観論へと関心が移り、生態学的研究に目が向いていったが、それには講師として植物生態学を講じ『草原の研究』（一九四四、岩波書店）をまとめられた中野治房先生の影響も大きかった。

中野先生の植物の分散（分布様式）に関する仕事に興味をもった私は、当時対象としていた海岸植生の構造解析の研究の中から、植物の分散を測るものさしとしての均質度係数（一九四九）を提案した（これは、その後 Greig-Smith のテキスト "Quantitative Plant Ecology" にも採用された）。

（二）海岸植物から竹林へ

大学生の頃の一つの転機は、沖縄・台湾への調査旅行（一九四〇）であった。配属将校による学校教練などでしばりつけられている中で、特別許可をもらって七～九月の三カ月間、野外植物の勉強に専心できたことは、私の自然観を養う上で大きな力になった。

また、フンボルトの相観論からラウンケアの生活型論へと関心が進み、学生時代に最もよく読んだのがラウンケアの論文集の英訳本“Life-Forms of Plants and Statistical Plant Geography”（一九三四）であった。この厚い本を隅から隅まで読んだものだ。

大学卒業後、応召してから復員するまでブランクがあったが、復員後すぐ始めたのが統計生態学的研究であった。研究費も道具もないことが、これを始める一つのきっかけであった。そして、海岸植物群落を材料とした『植物群落の基礎構造』という学位論文を京都大学に提出した。

その後、私の研究対象は、ある意味で未開社会的な意義をもつ単純な海岸植物群落から、竹林へと移った。かつて学生時代に、卒業研究の一部として扱ったことのある竹林は、対象としての特殊性や分布が限定されている点から、以後も興味をもちつづけていた。当時、竹や笹の分類学または竹林の林学的研究はあっても、生態学的研究は皆無といってよく、興味ある問題が山積みしていた。

最近では、インドの大学の学位論文にも竹林の生態学が若干とりあげられるようになり、私も毎年何編かの学位論文の審査を頼まれる。

(三) 自然保護とのかかわり

同じ頃、私は耕地雑草群落の研究も行っていたが、それはもともと人間―自然系の研究、別の言い方をすれば、応用生態学の研究に関心があったからである。雑草に関する研究の成果は、後にオランダのユンク書店から“Biology and Eccology of Weeds”（一九八二）として出版することになった。

日本生態学会が発足した時の創立総会（一九五四）の講演では『応用生態学のあり方』を論じたが、それより後に、イギリス生態学会で"Journal of Applied Ecology"が創刊された。この時には日本語の特殊性のために世界の学界をリードできないことを残念に思ったものだ。

その当時から、応用生態学の一分野としての保全生態学は、自然保護の理論的支柱になると考えていたが、一九六四年から始まった「国際生物学事業計画（ＩＢＰ）」において自然保護部門が設けられた。その時私は日本の委員長を務め、各国の自然保護関係者と接触することができた。これが後に、日本自然保護協会の理事長として、仕事をつづける契機ともなったのである。

また、ＩＢＰの陸上群集の生産力の研究の中で草原を担当することになり、東北大学附属の草原地域にＩＢＰ研究地域を設けて約一〇年間の共同研究を行った。ＩＢＰの成果は、東京大学出版会から英文二〇巻として刊行（一九七〇）された。

（四）ヒマラヤと都市と

雑草群落や草原の研究は国内で広く行い、その研究の過程で植生の中での構成種の順位を決めるための積算優占度（ＳＤＲ）、植生遷移の進み方を測るものさしとしての遷移度（ＤＳ）、草地としての良否を測る草地状態指数（ＩＧＣ）などの方法を考案した。

その後、一九六〇年代からネパール・ヒマラヤの学術調査を四回、ブータン・ヒマラヤの調査を一回行う中で、これらの研究が私の中心テーマとなった。つまり、国内の研究の中で提出した以上の方法をヒマラヤ地域に適用して、草地管理の方向づけに用いたのである。後にこれらをふくめた“Ecology of Grasslands and Bamboolands in the World”（一九七九）をやはりユンク書店から出版した。

ヒマラヤへ通う中で、垂直分布帯やその成因、植生帯と気候帯の関係に関心が広がった。また、ブラジル北東部やタイ西北部と南部の調査を通して、熱帯の森林、竹林、草原などについても関心が広がり、その他インドネシヤやケニアの山岳地などを訪れた機会にも、学生時代に登った台湾の新高山（玉山）の垂直分布帯と比べ合せて感慨深く思った。

ヒマラヤに関する一つのまとめは“Biota and Ecology of Eastern Nepal”（一九八三）であり、その他に『生態調査のすすめ―ヒマラヤの人々の生活と自然』（一九八四）なども出版した。

ＩＢＰが終ってからその発展として、ユネスコの「人間と生物圏（ＭＡＢ）計画が発足した。これは私が初めからもっていた人間臭い関心とまさに一致し、その中で最も人間臭いテーマとしての都市生態系に関する総合的生態学的研究を始めた。

文部省でもＩＢＰ時代の「生物圏の動態」という特定研究から、ＭＡＢに入っての「人間生存と自然環境」に関する特定研究、さらに環境科学特別研究という研究費の枠が設けられて、大いに研究が進んだ。

都市についてわれわれは初めに東京を、次には京葉工業地帯の湾岸都市をとりあげ、現在は『都市計画の基礎としての都市生態系の総合的研究』という、一応まとめの段階に入っている。

（五） 哲学と生態学

この間も、学生時代からの哲学や科学史への志向は並行してつづけられ、戦後間もなく出した処女出版の『生物学論』（一九四八）に続く『生態学方法論』（一九五三）は改訂増補され、いわば三版（一九七九）に当たるものが現在の形のものである。また、生物学史、ことに生活型概念の発展史への興味は今もつづいている。そのごく一部（ゲーテからフンボルトへ）『私の読書』（一九八三、岩波新書）の中に書いたりした。

私の読書といえば、ラウンケアの他にアメリカのクレメンツもよく読んだ。彼の初期の著書 "Research Methods in Ecology"（一九〇五）や "Plant Physiology and Ecology"（一九〇七）などから "Plant Indicators"（一九一六）、"Plant Succession"（一九二〇）、"Phytometer Methods in Ecology"（一九二四）、"Plant Competition"（一九二九）などを読みふけり、その影響をかなり受けたと思う。

クレメンツの根本思想はグリーソン、カーティス、ウィッテーカー、グッドールらの連続体説に対立する単位説であり、双方ともにわれわれに強い刺激を与えたが、それらは物理学における波動説と粒子説に類似した面をもっているといえよう。計量植物生態学と植物社会学の関係にも似たところがある。互いに否定するのではなく、楯の両面として見る方が正しいであろう。

また一貫してもち続けた人間—自然系についての関心は、耕地雑草、家畜の放牧地植生、自然保護の問題などに向けられてきた。そして、私の千葉大学停年を記念して、オーストリアのホルツナー、オランダのヴェルヒヤー両教授の発案で（編集には千葉大学の生嶋教授にも加わって頂いた）、"Man's Impact on Vegetation"（一九八三）という本をユンク書店から出してもらったが、まさに私の気持にぴったりであった。

一九八六年八月に開催された第四回国際生態学会議（ニューヨーク州シラキュース）の時に店を出していたユンクに聞くと、珍しくすぐ売り切れてしまって再版を考えているという嬉しい話であった。

またその時には、アメリカ生態学会が私を外国人名誉会員に推してくれたが、そこでもこの本などのことが紹介されて、後で多くの未知の人々から質問を受けた。このような問題に関心をもっている人が非常に多いことを痛感した次第であった。

第一章　環境とは

一、生物にとって環境とは何か

(一) 環境の科学

環境に関する科学としては、人間の場合には、地理学、人間生態学、医学生態学など、生物の場合には、生物地理学、生態学などがこれに関係した科学として成立してきた。国際学術団体連合（ＩＣＳＵ）では、近年、生物学を大きくわけて、①植物学、②動物学、③微生物学、④解析的および機能的生物学、⑤環境生物学とした（最近また組み替えているが）。

このようにして生物科学の中での環境生物学の位置づけが与えられたが、これは従来から成立している生態学を広げたものといえるであろう。アメリカの大学の中には、例えば、カリフォルニア大学の一つの分校（Irvine Campus）にみられるように、「集団生物学および環境生物学教室」といった看板をかかげているところもある。

生態学では、フンボルト（A. von Humboldt）やダーウィン（C. Darwin）の業績をうけてドイツのヘッケル（Haeckel）が、一八六六年に生態学（エコロジー）の言葉をつくった時に、それを広義の生理学の一分野として「関係生理学」の名称を与えた。すなわち、生物同士、あるいは生物と環境との関係にみられる法則性を探求する分野として、これを設定したのであった。

その後、スイスのシュレーター（Schröter）が一九一一年に、これを大きく個生態学（Autökologie）と群生態学（Synökologie）にわける試みを行なったが、この個生態学は一方、環境学、環境生態学でもあった。このことは、一九世紀末に本格的な生態学のテキストブックを初めて書きあげたデンマークのヴァーミング（E. Warming：Ecology of Plants, Oxford, 一九〇九）の本の内容がそのような二大分野に対応したからである。そのような用語法としては、今日アメリカで広く使われているドーベンマイヤー（R. T. Daubenmire）の「植物と環境＝Plants and Environment, 一九四七」という教科書が、その副題に「植物の個生態学」とうたっているのをみてもわかるであろう。

その他、環境学の名称を積極的に採用したものとしては、例えばドイツのワルター（H. Walter：Grundlagen der Pflanzenverbreitung, I. Standortslehre, 一九五一）の〝立地学〟（Standortslehre）や最近訳本の出ているユクスキュール（J. Uexküll, 一九三四、日高敏隆・野田保之訳「生物から見た世界」、一九七三）の〝環境世界の科学〟（Umweltslehre）といったようなものがある。しかし、生態学でも個生態学的なセンスで環境を扱うばかりでなく、むしろ自然界に多く共存して生活しているたくさんの生物の種、およびそれらをめぐる無機的な環境を含めた全体のシステムに対して、これを生物群集的なとらえ方をすれば、群レベルの環境が当然問題になる。また、これに対して生態系的な見方をすれば、生態系学（ecosystemology という言い方をする人がある）が広い意味の環境学になってくる。事実クレメンツ（F.E.Clements et al. : Bio-ecology, 一九三九）がバイオーム（biome＝生物群集の大きな単位）をとなえたのも、あるいはタンスレー（A. G. Tansley : The use and abuse of vegetational concepts and terms, 一九三五）が生態系の概念を、またソ連のスカチェフ（Sukachev et al. : Fundamentals of Forest Biogeocoenology (in Russian), 一九六四）が生物環境複合（biogeocoenosis）をとなえたのも、いずれも類似の方向といえるであろう。

環境の科学は、このように生態学ないし生物学の範囲だけでみても多岐にわたっているが、さらにこれを人間の場合に広げていけば、純然たる自然科学的な環境学だけでなく、社会科学的な環境学も成立することになる。しかしここでは、主として生態学的な環境の見方に焦点をしぼってすすめていくことにしよう。

(二) 環境観

環境に対する見方にはいろいろあるが、古くからあった最も単純な環境観は、環境決定論（environmentalism）であった。この場合には外界イコール環境であり、生物のまわりの一切の事物

(surroundings, Umgebung)をこれにあたるものとみなす。つまり、生物を閉鎖的な系としてみて、これをとりまく外界の諸条件がすなわち環境であるとするのである。

これは地理学などの分野で、風土類型を人間社会の種々の活動を規制するものとしてとらえる古くからある立場である。これに対して、人文地理学の分野では、人間活動の自律性を土台において、人間と自然環境との関係を逆転し、環境可能論にその活路を見出した。しかし、生物生態学の範囲においては、いまだに環境決定論的な見方がかなり強い。かつてエグラー(F. E. Egler : A commentary on American plant ecology, 一九五一)が、アメリカ生態学を批判したときにも、環境決定論ないしは、平均的一環境要因と対応させた生物現象の理解の仕方(one factor average environment philosophy)が強いことをあげている。

一方、生理学者のホールデン(J. S. Haldane:Philosophical Basis of Biology, 一九三一＝山県春次・稲生晋吾訳「生物学の哲学的基礎」、一九四二)は、生物を一つの開放系としてとらえ、環境と生体とを一体的にみる、いわば整合的環境ないし全体論的環境(holistic environment)の見方を打出している。このホールデンらの環境の見方は、生物の個体が中心にあって、生態学で扱うような群レベルまで含めた考え方ではない。同じように、生物の個レベルの環境についてはさらにこれをすすめて、ユクスキュールやブデンブロック(W. von Buddenbrock : Die Welt der Sinne, 一九三二＝懸田克躬訳「感覚の世界」、一九四三)がいうように、心理的・主観的な環境世界(Umwelt)を取り上げる方向もある。この方向をすすめれば、時間や空間もすべて数多くの個体に対応して、それだけの数があることになり、一義的に環境を規定することはできなくなる。ユクスキュールのいう環境世界にまで環境の見方を広げていくことは、現在の自然科学的な生物学や生態学ではかなり問題があるが、しかしこうした方向は、かなり多くの生物学者、生態学者がとってきた。例えば、パブロフ(I. P. Pavlov:Conditioned Reflexes, 一九二七)が彼の条件反射の研究を通して、環境を信号系の総体としてとらえたようないき方は、環境決定論的なものとは異なり、外界の一部としての環境の意味をとらえる見方であったといえる。その場合、生物をとりまく外界の生物への効果を問題にしているのである。

ところで、生理学は環境の科学であるともいわれるのであるが、それでは環境観として生態学的環境観というものをはっきり打出しているかというと、必ずしもそうではない。しかし、例えばアメリカのプラット(R. B. Platt et al. : Envionmental Measurement and Interpretation, 一九六四)のように、環境は「生物の生活と発育に関与する外的な条件および影響である」と規定し、外的条件の中で生物の生活に関与するものを取り上げるいき方をかなり明確に打出したものもある。彼等は機能的(functional)あるいは操作的(operational)環境というものを取り上げ、対象としての生物と機能的に結びついているものを外的条件の中から選び出そうとした。そのようないき方を環境の生物検定法(bioassay)と称しているが、これは生物主体の側から環境をとらえていこうとする立場である。

また彼らは、現在は生物の環境にはなっていないが、将来環境になりうる外的条件を潜在的(potential)

環境と称した。また、一代限りでなく、何世代にもわたる歴史的環境を問題にした人もある。クレメソツは生物と環境との関係について、無機的環境が生物に対する働きかけ、つまり環境作用（action）と生物が環境に対して働きかけ、新しい環境をつくり出す環境形成作用（reaction）と、さらに生物同士の働き合いである生物相互作用（coaction）にわけて考察した。その場合に、環境作用、環境形成作用の対象となる生物主体のレベル（個体、個体群、群集など）、あるいはその状態などによってその関係は異なってくる。

私が前に、竹の例で示したように（沼田眞＝植物環境の測定と評価、今西錦司還暦記念論文集「自然」（一九六六）、同じ竹でも個体レベルの環境と個体群としての竹林（林分）、さらに広範囲にみとめられる竹を含んだ植物群集といった、レベルの違った対象に対する環境の関係は違う。マクロに竹の分布をきめている要因は温度であっても、個々の竹林の生育を支配している第一要因は、水収支や表土層の厚さなどであったりする。また、ある個体を考えれば、その個体の発育段階といった状態によって環境のきき方は違ってくる。

以上を要約すると（沼田眞、生態学方法論、一九五三、改訂増補＝一九六七、一九七九、古今書院）、①環境とは外界条件のうち、生物の生活に関与するものをいい、②環境作用とそのきき方には順位があり、③そのきき方は生物主体のレベルや状態で異なるということになる。また環境の科学としての進展のプロセスからみると、外界条件を解析するという立場での客体的環境学から、生物主体の側から環境をとらえる、いわば主体的環境学に発展してきたといえる。これはさらに主体—環境系（生態系）の立場で環境をみることにもなる。

（三）環境評価

環境決定論的に環境をとらえる、つまり外界イコール環境の立場にたった場合には、外的条件を客体的に種々の測器で測定するという方法が成り立つ。つまり、温度をはかるのには温度計があり、光をはかるには照度計があるといったように、それぞれの外界要因に対応した物理化学的測器がある。このような物理化学的測器の目盛で外的条件を測定するということは、再現性や客観性においてはすぐれている。

しかし、それがそこに生活する生物主体にとってどういう意味をもつものであるかを明らかにするためには、かかる測定だけではだめである。そのような測定値はもちろん参考にはなるが、あくまでも客体の側の物理化学的測器による測定値であって、それが生物主体にとって、いかなる関与をするかは何も示されていない。つまり、そのような測器で外的要因を測ることは、そうした条件の測定にはなっても、真に環境をはかったことにはならない。

そこで生物の生活に関与する環境を主体的に、つまり生物主体の反応を通して評価していこうという立場が成り立つ。クレメンツら（The Phytometer Method in Ecology-The Plant and Community as Instruments, 一九二四）が植物計（植物測器、phytometer）を提案したのも、まったくその趣旨によるものであった。外的要因の強さは物理化学的測器ではかれるが、それが生物にあたえる効果は、生物の反応を通してはかる以外に方法がないことが強調された。そのために植物がいかにその環境をうけとめるかをとらえる、つまり有効な要因に対する植物の反応を量的にとらえようとしたのが植物計の方法である。

こうした考えは、一九世紀末の植物地理学者シンパー（A. F. W. Schimper : Pflanzengeographie auf physiologischer Drundlage, 一八九八）が物理的乾燥に対する生理的乾燥の概念を提案したときに始まるといわれる。一例をあげると、植物の外界の条件として水があっても、それが塩水であれば植物は必ずしも吸ってこれを利用することができない。この場合、物理的に水はあっても植物にとっては利用できない水であるから、乾燥状態にあるのと同じことになるというのである。こうした考え方は自然発生的に生まれた。例えば、土壌学の中でも有効水分とか、有効態窒素といったように有効（available）という用語があるが、これは植物にとって有効という意味である。つまり純然たる外的要因ではなく、生物にとって意味のある環境要因の立場にたっている。

気象学の例では、温度や湿度はそれぞれ測器があってはかれるのであるが、それが人体にとってどのような意味をもつかを示そうとする場合には、例えば体感温度とか、不決指数といった生物主体の側からの環境のとらえ方をする道がひらけてくる。もし純粋な土壌学や純粋な気象学があって、それが完全に外的要因の立場にたって生物主体の生活を一切考慮しないとすれば、有効水分とか、体感温度といった概念はまったく成立しないであろう。

動物生態学の例では、昆虫学者チャプマン(R. N. Chapman : Animal Ecology, 一九三一)のとなえた環境抵抗(environmental resistance)のような概念がある。生物はある環境要因のもとで、それぞれ種に特有な繁栄能力(biotic potential)をもつものであるが、これは個体維持的、種族維持的な繁栄能力である。このような能力は、それぞれの生物にとって遺伝的性質ではあるが、環境条件によっても制約される。いま、環境条件Aの時、繁栄能力がα、Bのときβであり、βがαより小であれば、Bの条件においてAの条件よりも大きい環境の抵抗にあったと考えるのである。このような環境抵抗は、単なる物理的な測定によってはかることはできない。そこで彼は、$\alpha-\beta$という環境抵抗の価を穀物害虫を使って実験した。

すなわち、湿度を一定にし、温度の段階をわけ、一定の食料と空間の中で何日かおいて、卵から幼虫、蛹、成虫に至るまでの数の動きを各温度段階によって調べ、その生存率によって環境抵抗が表現されるものとした。これを、ただ温度を温度計ではかるというやり方では、そうした生態学的な環境の価(チャプマンはこれをvalenceといった)はとらえることはできないのである。

同じような考え方で、森下(森下正明=棲息場所選択と環境の評価、アリジゴクの棲息密度についての実験的研究(一)、生理生態五、一九五二)は環境密度というものを提案した。すなわちアメンボやアリジゴクを使って、彼らにとっての一等地や二等地が、その生息密度によって表現できることを明らかにした。もちろん、生物のことであるから変異性はあるのであるが、しかしアリジゴクにとって、ある粒度の砂がどう評価されるかは、それぞれの環境密度によって表現できる。これをいま純然たる土壌学的な方法で粒度組成を調べても、それによってはアリジゴクにとって意味のある環境をとらえることはできない。

その他、生活型という植物の気候に対する反応型の統計によって植物気候（気象学的気候ではない）をとらえようとする方法、あるいは今日気象庁でも観測の項目に入っている生物季節、さらに最近の環境問題がやかましくいわれるようになってから各方面で関心をもたれている生物指標の方法など、いずれも生物主体の反応を通して環境をとらえていこうとする、生態学的な環境評価の方法である。

これはクレメンツらがいった植物計の方法の拡大、つまりバイオメータ法（生物計の方法）ということもできる。個々の外的条件を測定するのには、物理化学的測器がすぐれているのは当然である。しかし、それらが生物に対してどのような関与の仕方をするか、またそれらの要因が複合して、マス・エフェクトとしてどういうふうにきくかということは、広義のバイオメータ法によって評価するほかはないのである。

（四）　生理的最適域と生態的最適域

表記のような考え方を提唱したのはクナップ（R. Knapp : Experimentell Soziologie der hheren Pflanzen, 一九五四）やワルター（H. Walter : Vegetation und Klimazonen, 一九七〇）であるが、ここではクナップの

示した図式にしたがって簡単な説明を加えてみよう。

この生理的状態というのはクナップの場合、野外での単植(Reinkultur)の場合をさし、生態的状態というのは、野外で群落をつくるか、何種類かが混植(Mischkultur)された状態をさしている。

下に示した図で、斜線部は群落を形成した場合の植物の生育領域を示し、太い曲線はその植物が単植された場合の、その生育領域の範囲を示す。斜線を施したところの曲線が高くなるほど、その植物の生活にとって好適であるといえる。多くの植物にとって生育条件が適当であるところを細い垂直の

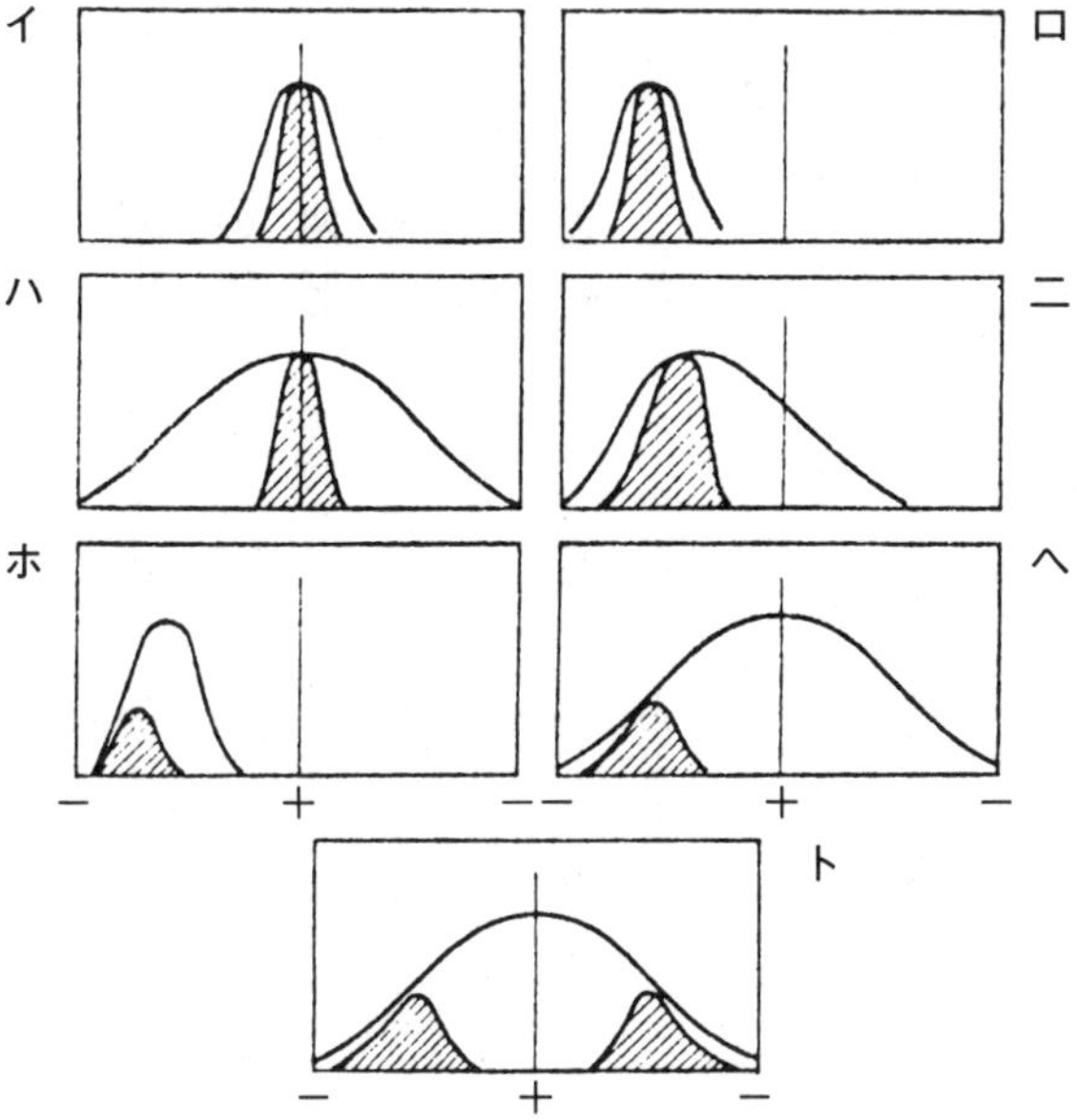

生理的好適域と生態的好適域

線と＋の記号で示してある。－の記号は多くの植物にとって不適当な立地条件を示す。この図のうちのイは、例えば好窒素性植物のイラクサの仲間などで示されるように、生理的な最適点と生態的最適点が一致し、その領域が群落形成の場合にはせばまるという場合である。ロも両最適点が一致しているのであるが、条件の悪い立地において両者が一致している。例えば、乾燥状態におけるサボテンがそれである。ハは両最適点は一致しているが、生理的な最適域よりも生態的最適域の方が極度にその幅がせまくなっている。ハの生理的最適域は、例えばメドウ・フェスクの草地のような場合であり、それが単植の草地になった場合には、十分な窒素、中庸なpHの状態で最高の生産をあげる。ニもまた二つの最適点が一致しているが、しかし幅のせばまり方が対称的でない。例えばヨーロッパの乾燥型草地に多いオグルマやマツムシソウのように、庭のよい土に水を十分与えたような状態、つまり生理的最適に近い状態では生育はするものの、自然の立地である乾燥地よりも生育が悪いといった現象がみられる。

次のホ～トは二つの最適点が一致しない例であるが、ホは例えば、ヨーロッパのコメススキで知られるように、単植の場合には最適のpHが五・二、森林内の実際のフィールドにはえている場合には、最適のpHは四・〇～四・五というような例がこれにあたる。アルニカの例でも最良の土壌ではなく、酸性の強い土壌で最適の生育がみられる。へはやせた草地の植物、例えばマツバシバなどがよい例で、単植では最良の養分供給のもとで最高の物質生産をあげるが、自然界では強酸性でやせたところにピークがあることを示す。トはレッドフェスクやハルガヤなどで知られており、自然状態でそれらが群落をつくる時はゆたかな環境(＋近く)を避け、酸性、あるいは石灰質土壌、乾燥地、あるいは湿性の場所で生態的な最適点をもつ。生理的には豊かな条件のところがよくても、そこでは、他種との競争に負けてしまうためにそのようなことが起こる。

ところで農学的な試験を行なう場合には、いくつかの段階が考えられよう。最も単純化されたものとしては水耕法、さらにポット試験、野外における単植、さらに自然群落での混植といった具合に、いくつかの段階がある。以上に示したクナップのいう生理的最適点と生態的最適点との関係を示す七つの場合は、野外における単植と混植を主として念頭においたものであるが、農学的な試験でよく使われる水耕法やポット試験はその単植のケースをもっと極端にしたものと考えてよい。農学的な実験室的実験を、野外に拡張して実際の場面にあてはめる場合にいろいろな問題が起こるのは、以上のような生態学的法則性の展開される場の違いが大きくきいているということができよう。

作物の生産を考える場合に、往々にして作物だけを取り上げがちであるが、実際に作物を育てる耕地には雑草もはえ、土壌中には微生物もおり土壌動物もいるというのが現実である。さらに無機的な環境要因としての大気、土壌、水などが複合した一つの小宇宙(生態系)を構成している。したがって生態学的に環境を評価しようとすれば、基本的には生態系のクナップのいう生態的最適域の考え方をとらねばならない。生態学的に正しく環境を把握するためには、プラットらのいう機能的ないし操作的環境の立場にたち、クナップのいう生態的最適域のようなものをとらえることがきわめて重要であろう。実験の方法としても、近代生物学をすすめた物理化学的な意味での実験室的実験から、さらに最近の生物環境調節学(バイオトロニクス)が開発している大型バイオトロンのような大型研究施設、さらにフィシャー(**Fisher**)が方法論を確立した野外実験の方法がある。この際、生態学的な法則性をつかむ決め手になるのは実験室的実験やバイオトロンではなく、実は野外実験なのである。その補助手段として実験室的実験やバイオトロンを使い、あるいは水耕法やポット試験、さらには単植の試験法を用いるというのが正しいであろう。

ここ一〇年来、環境問題がやかましく、それに関連して環境という用語や概念も広汎に用いられるようになっているが、ここではいわゆる環境問題にたちいることを避け、生物学、とくに生態学の流れの中にある基本的な環境の見方を解説するにとどめた。

環境とは何か、生物にとって意味のある環境をどのようにしてとらえたらよいかについて、基本的に考えたいと思う。また、そのような基本的な環境観を土台にして、農学その他の実験もくみたてられるべきであろうと思う。

(「沼田眞編＝地球を囲む生物圏」より)

二、生物と人間の環境

(一) 自然の中の生物と人間

生物の長い進化の歴史のあとで、人類が姿を現したことはよく知られているとおりである。その生物としての人類が言語や文化をもつ人間社会を構成するようになって、人間は自然を構成する生物から一部脱出し、外から自然を支配する立場を次第に強化するようになった。

ところで自然とは何か、普通自然は非自然としての文化、歴史、精神、社会といった概念と対比して用いられる。リッカート(一八九九)の「文化科学と自然科学」の議論がその一つの典型的なものであるが、そこで彼は自然学の状態を、現象が何回でも反復させられることと、それらをとおして法則性が抽出できることをもってした。それに対して文化科学の扱う現象は一回限りであるとし、それが価値と関係することをあげた。その場合、生物学では現象の反復性、法則性の点で多くは自然科学的であるが、進化の歴史のように一回きりの現象もあるので、純粋な自然科学というよりは文化科学との中間的性格をもっていることを強調した。ここに人間を含めて考えるとその中間性はもっと強く現れ、消化、吸収などを行う人間は生物としての自然科学の対象としての人間であるが、一方、緑の環境意識を調査すると、人間にとって望ましい緑とそうでない緑といった人間の側からの価値づけなされることでも分かるように、価値関係的である。これと一回きりの現象としての進化とを考えると、まさにリッカートのいう中間性が強く打ち出されてくる。

従来の理科教育においては、こういう生物ないし人間の中間化学的性格を切り捨てて物理や科学に準じ、あるいはそれを理想とした扱いをしてきたことが大きな誤りであったといえよう。

（二）生態系と生物圏

地球上の生物、人間、環境はお互いに関連しあって生態系をなす。地球全体を一つの大きな生態系としてみることもできるが、一方、一本の倒木、小さな水溜まりを生態系とみることもできる。

生物の生活の現実の姿としては、一般に何種類かの生物が共存し、種内での競争や協同の関係ばかりでなく種間の食物連鎖、ひいては栄養環の関係から競争や協同、すみ分けなどがみられる。それらのさまざまな種間関係をとおして生物の群集が成立し、それらは平衡状態に至るまで種の入れ替わり、優劣の交替、構造の変化、発達を続ける。このような群集の動きは遷移と呼ばれ、到達した平衡状態は極相である。そうした群集の動きの中で、それぞれの種は特有な生態的位置を占める。すなわち食物連鎖の上で、森林や草原の階層の中で、あるいは各種の環境勾配の中で自らの位置を占める。こうした種内関係・種間関係・生息環境が生物主体的に、あるいは人間主体的にみられたものが生態系である。これら生態系を構成する人間、動植物、微生物はそれぞれの長い進化の歴史を背負っているのであるが、これを物質やエネルギーの面から眺めて種というものを捨象する研究方法がある。物質やエネルギーの流れを中心としてみるそうした方法で生態系を表現することは、今までにもよく扱われてきたが、多くの場合、そこで欠落していたのは人間の巨大な働きかけ、生物界の種間関係の無視であった。また、地球上の生物生産力は、地球の支持人口や今後の方向を見定める基礎資料として重要である。生物生産の基礎は太陽エネルギーであるが、ここに地球上の水の分布が大きな制約要因となって、地球上の生産力の分布が決められることになる。

生物圏は生命の存在する地球の部分とされるが、それは巨視的にみた地球生態系とほぼ同様である。その境は決めにくい面があるが、高所では六〇〇〇〜八〇〇〇メートル、地中では土壌動物、土壌微生物、植物の根の分布する地中二〜三メートル（深い場合には二〇〜三〇メートルに達する場合もある）、海では光りの差し込む部分からさらに深部にかけて一〇〇〇メートル以上にもなる。昔から天地人という言葉があるが、そこでは人が生物圏であり、その上に天、下に地があると見てよいだろう。この生物圏の中には何百万という種類の植物、動物、微生物があり、人間はその中の一種にすぎないが、影響力たるや絶大である。

一九七二年からユネスコを中心として始められた「人間と生物圏」計画というのがあるが、ここはまさに生物圏に対する人間活動の影響を調査研究して人類の将来に備えようとするものである。現在一四の分野に分かれて研究が進められているが、地球上の各種の生態系（熱帯多雨林、サバンナ、ステップ、砂漠、ツンドラ、山岳、河川湖沼、沿岸、デルタ地帯など）への人間活動の影響、すなわちプランテーシヨン、道路建設、ツーリズム、ダム、護岸、ホテルの建設、その他をとおして土壌侵食、自然植生の破壊、野生動物のすみ家をなくすなどのことが起きている。都市には人口が集中し、道は舗装され、高層ビルが建ち並び、多くの車が走り、周辺の工場地帯からの煤煙その他により、大気、水、土壌の汚染が発生している。

しかし、昭和四六年（一九四五）以後のイオウ酸化物汚染の改善の実例でも分かるように、われわれが本当にやる気で頑張れば環境の改善もある程度可能である。人間環境の望ましい姿を目標として掲げて、それへ少しでも接近するように努力することは、われわれの長き良き将来のために是非なさねばならないことである。

(三) 人間環境の望ましい姿

汚染も病原菌も全くない清潔無垢の世界が人間環境として望ましいであろうか。これは夢物語ではいいが、現実にはそのような環境は人工的な実験室以外は考えられない。従って、実験的につくり出された完全な無菌動物を現実の汚れた世界に放り出すと抵抗力がないためにすぐ死んでしまうという。結局、汚染や病原菌は現実にはゼロにならないので、むしろある程度病原菌に対しては抵抗力をつけることが望まれる。例えば、ツベルクリンで結核に免疫を与え、栄養によって体力をつけさせるのはそのためである。

一方、汚染は病原菌と違って人間がつくり出したものであるからないにこしたことはないが、車を動かせばチッソ酸化物や一酸化炭素はどうしても出る。この場合は量を制限してある程度以上にならないように手を打たねばならない。そのためには、汚染物質の量―反応関係についての知見から健康維持のための限界濃度を求める。しかもその知見は短期的な実験室的実験ではなく、低濃度、長期暴露による慢性的影響についての知見も加え、十分な安全性を考慮して基準をつくらねばならない。これがいわゆる環境基準である。こうして安全係数がかけられておれば、環境条件の変動性、人口集団構成の違い、複合汚染による他の汚染物質の影響、社会的生活条件の違いなどを顧慮しても、公衆の健康を維持するのに望ましいレベルとなるであろう。

これは普通行政的な努力目標としてたてられるのであるが、もっと広く環境目標というのを考えると汚染の問題に限らない。例えば、周辺のある緑地をどういう形で維持するかを巡っていくつかの意見に分かれたとする。①貴重な緑だから一切手をつけないで極相林へ戻そうという意見、②そこは私の山で、シイタケのホダ木を採ったり子どもの遊び場に利用してきたので、同じ形で維持したい。厳しい制限をされるのは困るという意見、③そんなものは要らないから伐ってしまえという意見など。ここで、③は少数意見で①と②になった。学術的な見地からすれば①もいいが、民有地である以上所有者の意見が大きいので②に落ち着いたとする。自分のものだからどう処理しても勝手だという考えもあるが、地域の人の希望も入れて、今までのような利用の仕方ができるなら自然保護に協力したいというのは、まず望ましい合意の形であろう。そのように決まったら、そうした②のような環境目標（極相林に戻すのではなく、二次林の形で維持する）が達成されるための管理手段（人工の植林はしない、全体の一〇％程度の伐採をしてもよい、下草は刈ってもよいなど）を決めることができる。これが合意に基づく新しい形の自然保護の一つの手法である。もちろん、原生自然環境保全地域、特別天然記念物、学術参考保護林、特別鳥獣保護地区のようなものの必要性はいうまでもないが、人間が生活を続けながら人間環境をある望ましい水準に維持するために、環境目標を決めてその方向へ努力することも必要である。

地球上の人類の将来については、支えられる人口は有限であり、その生活を成り立たせるための資源・エネルギーも再生不可能のものが多いし、環境も次第に悪化していることから考えて必ずしも楽観はできない。しかし、人間は他の動物にない知恵を動員して、人間を含めた生物圏がよい状態で維持できるよう、長期的な対策を立てていかなければならない。

沼田真編著「環境教育の方法論に関する研究・Ⅲ」〔千葉大学理学部生態学研究室〕、生物と人間の環境より

三、生態学的にみた環境問題

環境とか環境問題はこの頃盛んにいわれ、その中でも自然保護に関しては非常に関心があるのだが、必ずしも充分な関心を呼んでいないように思われる。

最近「環境基本法」というのができたが、この中には一言も自然保護という言葉がでていない。この法律はもともと「公害対策基本法」の延長線上でつくられたものだから、内容的に非常に偏っていて、われわれの自然保護の観点からみると非常に残念であるが、今政府では環境基本計画を作って具体的に展開しようとしている。

日本の自然保護を振り返ってみると、昔から自然(しぜん)という言葉はなく、自然(じねん)という言葉はあり、自然薯とか竹の病気で自然枯病などの〝じねん〟は今日の〝しぜん〟にあたると思う。昔から自(おのずから)なるものとか、やまと言葉としての説明はあったが、今日いわれているような自然という発音は、どうも森鴎外がネイチャーの訳語として明治中期に使ったのが最初のようである。その前にはオランダ語、ポルトガル語があったが、明治時代前には「山川草木」とか「造化」とかいくつかいわれ、自然という訳語はみあたらない。特に仏教の影響があって「山川草木悉皆成物」というような、すべて生きもの的な扱いをしていたと思われる。

これについては非常に印象深かったことがある。何回かブータンでの調査の際、植物の調査のため車を止めて植物を採ろうとしたら、ドライバーが「植物をとってはいけない」という。私が「科学的調査のためだ」といっても、「いや生命のある物を殺してはいけない」という。また別のところでは魚をとろうとしたら母親が「生き物をとってはいけない」と息子を叱ったという話も聞いた。ブータンはチベット仏教の地球上唯一の国で、これほど仏教の信仰の厚い国は世界中にないと思う。

以前にローマ大学の教授をしている外国の学者と日本の何カ所かを見た後で、彼は「日本は自然と共存してすばらしい国だ」と非常に誉めていた。何をいっているかというと社寺林、すなわち神社とかお寺の森のことを指していた。キリスト教の教会には確かにそういうものはなく、キリスト教の場合は自然を征服して、そこに合理的な科学の発展を目指すという考え方が強いわけである。

自然保護的な考え方を最初に理論的に展開したアレクサンダー・フォン・フンボルトが一八〇六年頃にそういう論文を書いている。そこには天然記念物という考え方が具体的に記してある。こういう考え方が欧州では長くあり、明治の初め日本にやってきた外国の学者、その頃学問といえばドイツが主流で、コンベンツという人が日本にきていろいろな講演をして日本に天然記念物思想を植えつけた。同じ頃、東京大学の三好学教授がドイツから帰ってきて、『天然記念物』という本も書いており、天然記念物という考え方を広めるのに貢献した人である。三好の考え方は巨樹名木思想といわれ、大きな木とか年とった木を非常に尊重する考えであった。

現在の天然記念物の法律である「文化財保護法」にも巨樹や珍奇なる物としてその考え方のおもかげ

が残っている。現在の「文化財保護法」は大正初期の「天然記念物保存法」がその源である。文化財という言葉も変な言葉で、文化と自然は普通対立概念なのだが、文化の法律に自然も入れてしまっている。天然記念物もそこに入れられたのだが、珍奇でなければ天然記念物にならないので、普通の竹では駄目で、枝が逆さに出ているのは逆さ竹といって天然記念物になってしまう。そういう妙なことが改訂されないまま現在まできているのである。

国際的には一九九二年の国連の環境開発会議(地球サミット)において「生物多様性条約」が提案された。多様性というと普通は種類のことをいうが、種類に限らず、遺伝子、生態系とかいろいろの地球上の生物資源が多様であることを指している。多様性の一番高いのは熱帯の多雨林である。これに関連して絶滅の恐れのある生物を示す「レッドデータブック」、すなわち赤信号の種類という意味で各国、各地域でつくっている。

わが国でもそれに関連して「絶滅の恐れのある野生動植物の保護に関する法律」ができた。既に絶滅してしまった種、絶滅しそうな絶滅危惧種や危急種、数の極めて少ない希少種などを区別して、どういうものが一番問題かというデータブックである。

われわれも植物の「レッドデータブック」をつくった。例えば、秋の七草のフジバカマなどは今ほとんどどこにもない。七草などは一番親しみやすい植物であったと思うが、その中に絶滅種が出ようとしている状態は注意すべきだと思う。

ところで、環境という言葉は辞書などをみると、生物を取り巻く諸条件、温度、光、水分、土壌とかが環境と書いてあるが、本当の意味は単なる外界の条件ではなく、必ず生物とのかかわりをもつ条件を生態学では環境といっている。このことを詳しく書いた本はドイツ語の本に多い。なぜならドイツ語には環境にあたる言葉が二つあり、一つはウムゲーブンク（Umgebung）、ウムというのは周り、ゲーベンは周りにあるもの、つまり外界の条件、もう一つはウムベルト（Umwelt）、これもベルトは世界で、ウムベルトは周りの世界だが、必ず生物、人間も含まれるかかわりのある条件をいっている。

それについては著名な本はドイツの学者、ユクスキュール著の『生物から見た世界』（一九三四年）という本で日本語にも訳されている。例えば、部屋をわれわれ人間が見たらどう見えるか、犬、ハエから見た世界はどう見えるか、生物的根拠のある推理で想像した世界をカラーの絵で表現している。見る生物によって環境の受け取り方が違うということを書いている。ブデンブロック著の『感覚の世界』も日本語に訳され、ウムベルトとウムゲーブンクのことが書いてある。皆さんよくご存知のロシア人のパブロフの条件反射説というのがある。例えば、ベルを鳴らすと犬のごちそうをもってくる。それを何回か繰り返すと、犬は音を聞いただけで唾液や胃液が出てくることを実験で示した。この場合、ベルは犬にとってウムゲーブンク、外界なのだが、条件づけられた後ではもう外界ではなく環境に組み入れられたことで、ウムベルトになった訳である。

環境という言葉は自然と同じように明治の中期になって初めて使われた言葉であり、それ以前はなかった。明治一四年に出た哲学辞典を見ると、エンバイロンメントの訳に『環象』と書いてあった。環境とは書いてない。中国人にいろいろ聞いてみると環境という字は昔からあるが、それは事物の境界という意味だという。例えば万里の長城は環境である。今日の意味での環境は、その頃環象といったようである。面白いことに中国の百科事典を見ると日本式の説明がついている。逆に輸入されたことになる。生態学も同様である。

わが国の環境問題に関して、昭和一三年(一九三八)に尾瀬ケ原の水を発電に利用しようというのが最初にもちあがった。昭和一二年に日中戦争が起って、そういう時期で電力の不足を補うということだったが、これが大騒ぎになり、これをきっかけに環境庁の前身の厚生省で尾瀬ケ原を国立公園にして、しかも特別地区という利用できない地区にしようという提案が起った。その後の何度も起った水利計画に対する一番大きな反対運動は、昭和二四年に尾瀬保存期成同盟ができたことである。その後、昭和二六年に日本自然保護協会ができた。自然保護協会は尾瀬の問題、屋久島の保存問題、自然保護教育、今日でいう環境教育などの提案を行なっている。この教育は単に理科とか社会という科目のみならず、国語科、音楽科等すべてそういう問題に関係したところで取りあげるべきだと提案している。

同じ頃日本生態学会ができて、屋久島の原生林保護を訴えている。それをきっかけに日本学術会議に自然保護に関する研究連絡委員会ができたり、シンポジウムが行われたりして、日本学術会議の会長から内閣総理大臣宛の「自然保護についての勧告」という非常に強力な勧告が出された。今から数年前、林野庁に「林業と自然保護に関する検討委員会」がつくられ、森林に絶対手をつけないコアゾーン、研究教育のためには認めるというバッファーゾーンを定める森林生態系保護地域を全国二〇カ所くらい指定された。

その後、日本では一九六七年に「公害対策基本法」が制定され、それが改訂され「環境基本法」になったが、その改訂の仕方は非常に不十分であると私は思っている。

一九七四年に日本において「自然保護憲章」が制定された。一九九四年自然保護憲章制定二〇周年記念大会というのが日比谷公会堂で行なわれたが、これはわが国のNGOの運動として極めて注目すべきだと思った。前述の例は国の法律とか国連の動きが中心の話だが、「自然保護憲章」というのは「自然保護憲章制定国民会議」がつくられ、数年間の議論を経て憲章ができたわけである。この憲章の前文には自然の概念、自然と人間との関係、自然環境の保全などが書かれている他に、その中で自然を征服するとか自然は人間に従属するなどの思いあがりを捨て、自然を尊び、自然の調和をそこなうことなく節度ある利用に努め、自然環境の保全に心掛けるべきだといっているのは注目すべきことである。

（一）生態学における「環境」と「人間」

生態学という学問がダーウィンの進化論をきっかけにして、ドイツの生物学者ヘッケルの命名にかかるものであることは、多くの人の承知していることであろう。はじめはまず生物学の一分科として、広義の生理学のなかの関係生理学(生物と環境、生物と生物の間の)として位置づけられた。それが一九世紀後半には目的論的生物学の洗礼をうけ、わが国における生態学の創始者ともいうべき三好学が、生態学をスペキュレイティブな学問として生理学の下に自ら位置づけるような時期があった。これはわが国だけのことではなく、米国でも一九一〇年代に意識的に目的論的生態学からの脱却がはかられた。その後は、生物学のなかの野外生物学として健全な発展をとげつつ今日に至った。

生態学は環境の科学のようにいわれることもあり、生物の教科書では「生物と環境」という章があって、生態学的内容はほぼこういうなかで扱われてきた。英国のタンスレーによって創始されたエコシステム(生態系)、米国のクレメンツのバイオーム、ソ連のスカチェフの生物環境複合などにおいても、生物―環境系としての扱い方であって、その「生物」も「動・植物・微生物」であった。リンドマンやオダムのように生産者・消費者・分解者の形で生物を扱う場合においても、人間は消費者のなかに小さな位置を占めているにすぎなかった。

たしかに生物学的にみられた生態系のなかでの人間の扱いはそれでよいであろうが、現代社会における現実の人間としては、巨大な生産者であり、消費者であり、分解者でもあるので、もはや狭い生物学のなかの人間としては扱えず、環境問題という時の環境は、もはや生物環境ではなくて、「人間環境」なのである。

(二) 生態系の中の人間

人間は今や地球上に君臨する最も強力な生物であるが、そのもとをただせば生物進化の道をへて今日に至ったわけで、広い意味での動物である。生態系(エコシステム)を構成する要素は大きく、一、生産者、二、消費者、三、分解者、四、非生物要因(光、大気、水、土壌など)に分けられる。このうち、生産者は無機物から有機物を生産する生物で、すなわち光合成をする緑色植物であり、消費者は生産者のつくった有機物を利用する動物と人間、分解者は有機物を分解して無機物にもどす微生物と考えてよい。

こう考えると、生態系の中の人間の位置はささやかなものになってしまうのであるが、実際には人間の影響力や果たす役割はずばぬけており、その智恵を利用して生産者としても分解者としても活動可能であり、地球上の生態系にはかりしれない変化を与えているのである。

最近話題になっている熱帯林の大規模な伐採、酸性雨、フロンガスによるオゾン層の破壊とそれを通しての皮膚がんの増加、二酸化炭素の増加による大気温の上昇(温室効果)など、深刻な問題がぞくぞくあらわれている。環境庁が発行している『環境白書』でも今回はじめて地球環境の問題がとり上げられ、来年度予算では地球環境保全に重点をおくという。

わが国には熱帯はないので熱帯林はないが、その伐採には大いに加担している。高等植物の三分の二が集中しているといわれる熱帯林から伐り出される木材の四分の一は日本向けに運ばれている。サラワクの住民はもともとささやかな林産物の利用をしていたのに、大企業の伐採によって生活の場が失われるということで、木材搬出道路に対して身体をはって封鎖をする騒ぎまで起っている。地球上の生態系の中で、われわれがどういう役割を果たしているかを常に念頭におかねばならないと思う。

第二章　環境問題への世界の動向

一、環境問題の要点

今日の環境問題が大きな関心事となるきっかけは、一九六二年にレーチェル・カーソンによって出版された『沈黙の春』による問題提起である。これは農薬問題に警告を発し、ＤＤＴなどの危険性を暴露して驚異的なベストセラーとなった。

その後、世界各地で大学紛争が起こった。一九六八年にはアメリカのカリフォルニア大学で大学紛争の一つの形態としてエコロジー運動が起こり、全土に広がっていった。その目標には「貧困の追放」、「人口爆発の調節」、「経済発展にともなう公害の防止」、「洪水対策」、「居住環境の改良」、「超音速機の騒音防止」などがかかげられていた。当時私はアメリカに短期間滞在していた。道行く車にはエコロジー・フラッグのステッカーがはられていた。また、のちに暗殺されたスウェーデンの若き首相オロフ・パルメが、人間環境会議の準備会議を発足させた時期でもあった。

六〇年代の注目すべき研究としては、イギリス生態学会のシンポジウムのうち、一九六四年に行われた「生態学と工業化社会」のようなものもあげておく必要があろう。大気、河川、海洋などの汚染のほか、産業廃棄物、放射性廃棄物、農薬汚染などを広くあつかっており、この方面における先駆的な業績といえる。

（二）経済発展か、自然保護か

そして一九七〇年には、今もつづいている「アースデー」という環境を守る市民運動がアメリカで発足した。リチャード・ニクソン大統領は、議会に対するはじめての環境問題年次報告を送り、人間と環境との関係についての新しい理解と認識の必要性をのべて環境保護局を発足させた。

一九七二年には第一回国連人間環境会議がストックホルムで開かれた。「人間居住環境の計画と管理」、「総合的天然資源管理」、「グローバルな環境汚染と公害」、「環境問題の教育、情報、社会・文化的側面」、「開発と環境」、「各種行動計画の国際機構」の六分野が中心の議題であった。そのほか人口問題、貧困、生物・化学兵器の禁止などについても話し合いがなされ、会議場の外の環境広場や人民広場では、ベトナム反戦などのインドシナ問題、アフリカの植民地、少数民族の問題などがとりあげられた。

『地球の友』と『ザ・エコロジスト』という雑誌が共同で出していた新聞「ストックホルム・コンファレンス・エコ」は、日本の商業捕鯨続行を非難して「生態的野蛮人か新指導者か？」という見出しに、

一、環境問題の要点

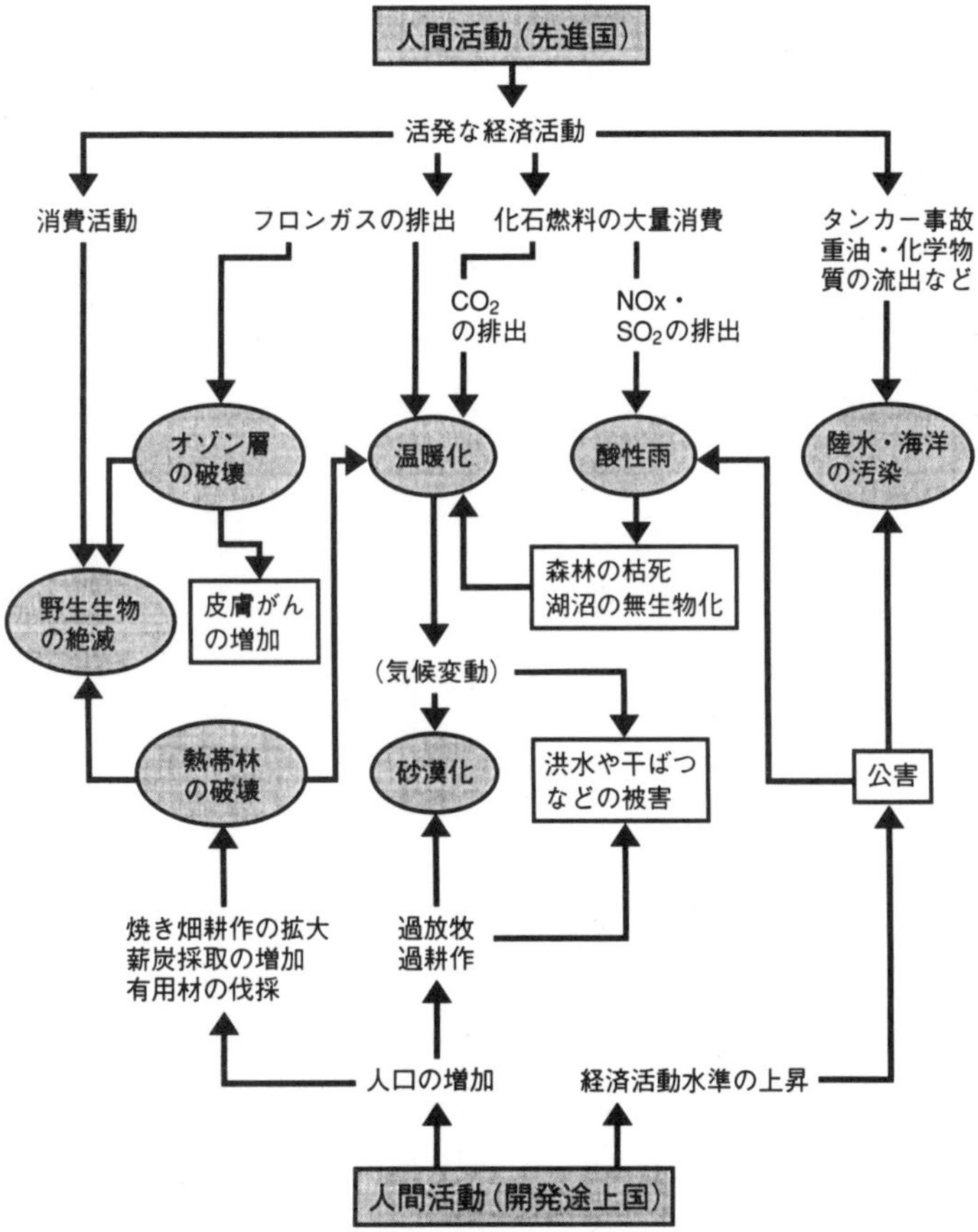

地球環境問題関連図

地球環境は多くの要素がたがいに関連して長期的なプロセスで徐々に悪化していく。一つの環境変化はさらに次の環境変化を呼びおこし深刻なものとなっていく。その原因には先進国における経済活動と開発途上国における人口の急増が深く関係している。

日本人とおぼしき鉢巻き姿の人がクジラの背に乗って銛を突いている漫画が掲載された。さらに「日本はGNP（国民総生産）を追求し、最悪の公害と過剰生産に悩んでおり、環境問題は日本人にとって深刻になりつつある」とのべた。

その後まもなくオイル・ショックが起こった。一九七三年の第四次中東戦争に際してアラブの石油産出諸国がとった石油戦略である。これは戦後の資源浪費型経済の根底をゆるがし、それ以後産業経済成長はストップして低成長、長期不況時代に移行していった。

そのころアメリカでは、アラスカの石油を長距離のパイプラインで本土まで運ぶ計画がもちあがっていたが、生態学者などの反対で保留されていた。パイプラインは大量の原油に熱を加えて圧送する。これをツンドラ地帯に走らせると永久凍土の自然が破壊され、トナカイやヘラジカなどの大型動物の行動域が分断されてしまう。ところがオイル・ショックでアラブの石油が入らなくなると、早速パイプラインにゴーサインが出されてしまった。経済発展と自然保護のトレードオフの関係をよくあらわした例といえよう。

(二) 人工的に環境をかえる開発に持続性はありえない

一九八〇年にはIUCN（国際自然保護連合）、UNEP（国連環境計画）、WWF（世界野生生物基金、一九八八年より世界自然保護基金と名称を変更）の三団体から『World Conservation Strategy＝世界保全戦略』という報告書が提出された。これにもとづいて「国内保全戦略」を出した国も多い（わが国では自立った対応はないようだ）。

この『世界保全戦略』では、全体の目標として「持続的開発のための生物資源と環境の保全」をかかげている。しかし本文中では生物の遺伝的多様性と種および生態系の持続的利用を強調している。

持続性（サステイナビリティ）という言葉は最近マスコミでも一般的に使われるようになった。これは生態系の生産性やよい状態を維持しつづけることを意味する。保全（コンサベーション）とは裏腹の言葉である。生産でも利用でもほどほどにして、最高をねらわないことでもある。E・シューマッハーの有名な言葉「スモール・イズ・ビューティフル（小さいことはいいことだ）」で表現されている適正技術とか中間技術というのも同じことである。

畜産の例では、草地の牧養力に見合った頭数のウマや肉牛を放牧すれば、草地は常によい状態を保つ。これが持続的利用である。このように草地を持続的に利用できる牧養力のことをキャリイング・キャパシティーという。そのキャパシティーをこえて放牧頭数をふやせば、草地は荒れて裸地《らち》と化してしまう。

一九八七年、環境と開発に関する世界委員会が『Our Common Future＝我ら共有の未来』という報告書を出した。ここでは「持続的開発」をメインテーマとして、『世界保全戦略』の持続的利用よりもいっそう開発に重点を置いている。開発は人工的に環境をかえてしまうことだから、本当の意味での「持続的」ということはありえない。

わが国では一九八七年に『リゾート法（総合保養地域整備法）』が、一九八九年に『森林の保健機構の増進に関する特別措置法』が施行された。これによりリゾート地域の指定が行われ、保安林の解除の手続きなしに開発できることになった。こういう実態を持続的開発とか、開発をいいかえて持続的発展としてみても、持続性との矛盾をさけることはできない。

『世界保全戦略』と『我ら共有の未来』は基本的には類似したものである。しかし前者

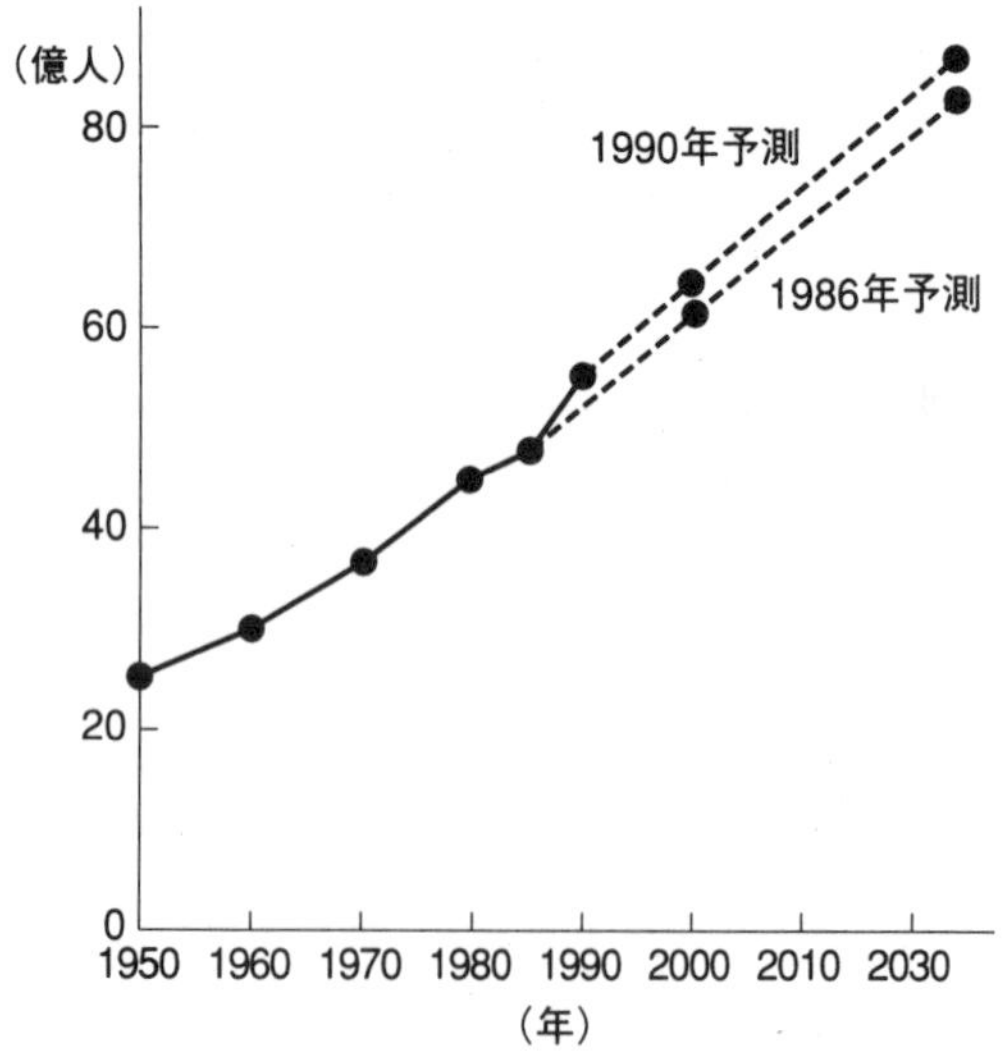

世界の人口の現状と将来予測

国連人口基金は『世界人口白書』で世界の総人口の将来予測を行った。これは1986年に出された予測値を上まわるもので、人口の爆発的な増加にブレーキがかかっていないことが明らかとなった。このまま人口増加がつづけば深刻な食糧不足を招くばかりでなく地球温暖化に拍車をかけ、環境問題に深刻な影響を及ぼすことになろう。

の方が持続的利用を中心としているだけに、この方を評価したい。

『世界保全戦略』で強調している種と生態系の持続的利用に関しては、危機に瀕している動物や植物がレッド・ブック（またはレッドデーク・ブック）の形でまとめられている。IUCNでは絶滅、絶滅危惧種、危急種、希少種というように

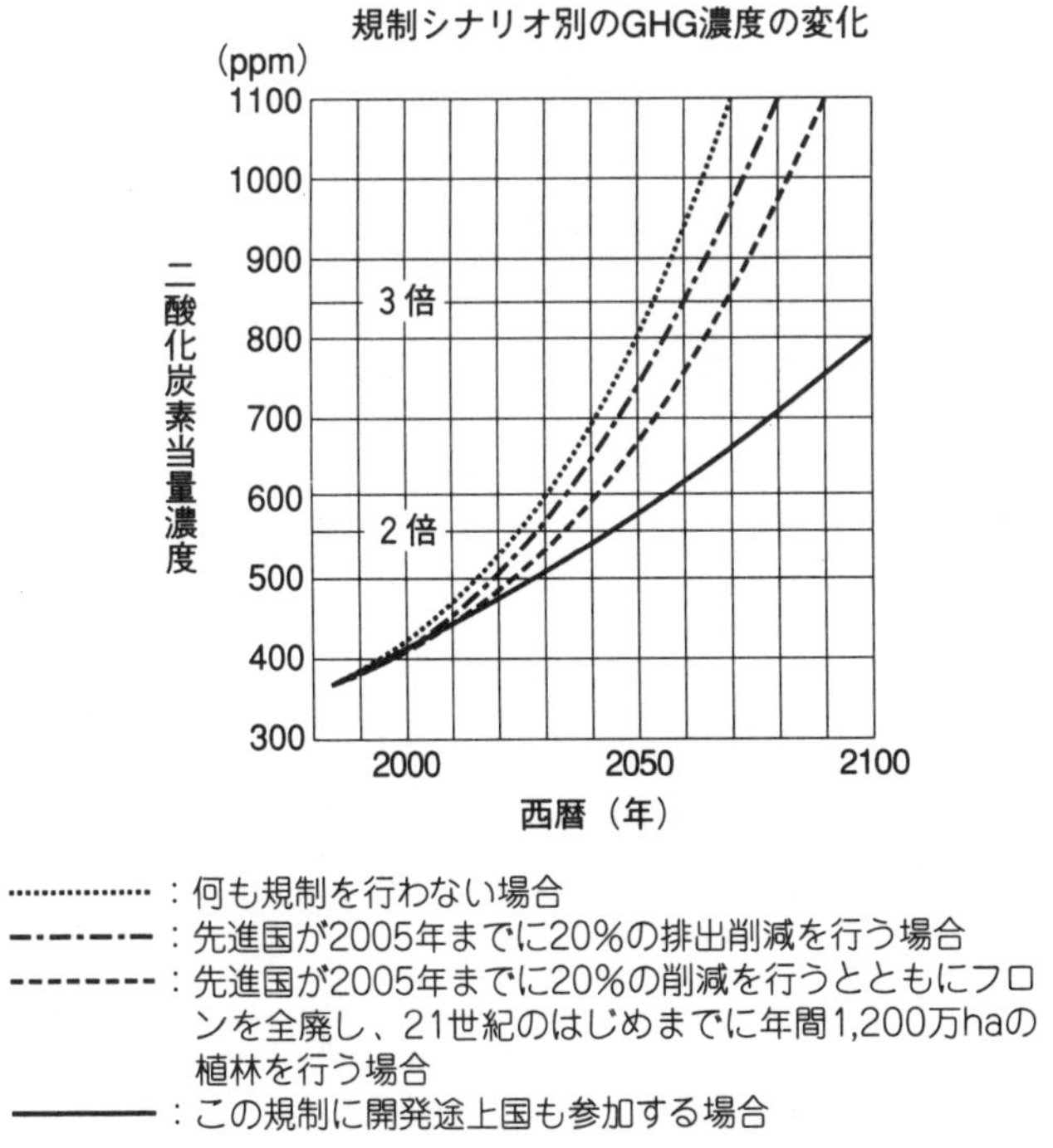

大気中の二酸化炭素濃度の予測

国立公害研究所の環境管理研究室では、アメリカ環境保護庁のデータをもとに将来の大気中の二酸化炭素濃度の予測を行っている。一刻も早い対応を行う必要があろう。

カテゴリーを分けてデータベースをつくっている。

日本自然保護協会とWWFJ（世界自然保護基金日本委員会）によるわが国での最近の報告では、五三〇〇種の野生の高等植物のうち三五六種がすでに絶滅、八六三種（一六％）が危機に瀕していることがわかった。現在はさらに植物群落や生態系のレッド・ブックをつくっているところである。

これらの種と生態系の保護については、WWFが『生物学的多様性の重要性』という文書で一九八八年に訴えている。ユネスコは一九七一年からはじまった「人間と生物圏（MAB）計画」の中で「生物圏保護区（バイオスフェア・リザーブ）」を提案し、『世界文化・自然遺産条約』によって法的に保護された指定地域のネットワークをつくろうとしている。

わが国では生物圏保護区を四カ所、国立公園とだぶらせて指定しているだけで、すでに一一二カ国が批准している『世界文化・自然遺産条約』にいまだ加盟していない。こういう点からすれば自然保護後進国といわざるをえない。しかもコア（核心地区）とバッファー（緩衝帯）からなる生物圏保護区は、保護と利用を二本柱とする自然公園とは性格が違うので、安直に両者をだぶらせる方式はとるべきではない。

林野庁が今年に入って保護林制度を改正し、生物圏保護区に該当する「森林生態系保護地域」を知床半島の自然林、白神《しらがみ》山のブナ林など一二カ所に設けたのは大いに評価されよう。

(三) これからのキーワードは持続性、多様性、環境倫理

以上、地球環境問題に対する取り組みとその問題点を、大きな流れを概観しながら論じた。大きくみると六〇年、七〇年、八〇年と一〇年ごとに環境問題の山がきている。その中間では経済や産業にウェイトが移って環境問題とトレードオフの関係になっていることがよくわかる。アメリカのロナルド・レーガン大統領の時代に環境問題に関する研究論文数がいちじるしく減ったというのも、その一つのあらわれであろう。

そして一九九〇年の今年は、生物倫理、環境倫理に関する多くの動きが起こっている。脳死や臓器移植の問題を中心とする生命倫理が「人間」対「人間」の倫理的配慮であるのに対して、「人間」対「動物」の間の倫理的配慮が生物倫理である。さらにこれを広げて「人間」対「環境」の間に環境倫理が説明されるようになってきた。また一九九二年には、第一回国連人間環境会識の二〇周年を記念した第二回国連人間環境会議がブラジルで開催される予定である。

以上に概説した「持続性」、「多様性」、「環境倫理」などをキーワードにして、今後の地球環境の諸問題に対処していきたい。

二、開発の思想

(一) 環境問題への国際的対応

先進諸国を中心とした工業化＝生産の国際化に伴い、いまや環境汚染はグローバルな規模で進行している。一九七二年の六月、ストックホルムで開かれた人間環境会議は、〝かけがえのない地球〟(Onry One Earth)をキャッチフレーズに世界の注目を集めた。一生態学者としてこの会議に出席した。

ここでは、日本列島総汚染化への危険に対して専門(生態学)の立場から環境問題について、私が最近考えているいくつかをまとめることとする。まずはじめに環境問題に対する世界の対応を追ってみよう。

生態学には昔から環境という概念はあった。しかし「環境問題」となると話しは違ってくる。いわゆる環境問題が生態学者の間で話題にのぼり始めたのは、比較的最近のことであるといってよい。

中でも、具体的に環境問題が明確な形をとって現われたのは一九六四年、イギリスの生態学会で、「生態学と工業化社会」という国際シンポジウムが行なわれたときであるといえよう。そこでは今日いわれるところの公害問題が動植物にどういう影響を与えるかといった問題についてかなり広範に論議された。例えば、光化学スモッグの問題などもこの時すでに扱われていた。

一九七〇年、同じイギリスの生態学会で、「自然保護のための動植物群集の科学的管理」というテーマで、国際シンポジウムが行なわれ、これに私も出席した。

この二つのシンポジウムの目的は、地球上の環境悪化の問題を生態学者の立場からどう受けとめるかにあった。もう少し広い立場からは、例えばIUCN(国際自然保護連合)という団体が、何回か同じ趣旨の問題をシンポジウムやテクニカル・ミーティングで扱ってきた。以上の二つの例は、研究者レベルでの最近の話題である。

またイギリスで第二回目のコンサベーションのシンポジウムの行なわれた一九七〇年は、ヨーロッパ自然保護年にあたっていた。地続きの国が多く、ヨーロッパという単位で考えた方が有効な国々がパリに集まり、一年間にわたって自然保護の問題をさまざまな角度から考えようということでこの自然保護年は発足し、これに関するいろいろな集会が行なわれた。例えば、FAO(国際食糧農業機構)が主催した第二回世界食糧会議もその一つである(第一回目はその五年前にワシントンで開催)。この中に〝人間環境の保全〟というテーマのパネル・ミーティングがあった(私も参加)。この会議はFAO主催だけに食糧問題が一つの中心テーマであったが、人口問題もそれに劣らず重視された。こうして、食糧と人口が環境問題の要であるという考え方から多くの議論が展開されていった。とくに食糧問題については、先進諸国ではいずれも生産調整を行なっているが、世界的に見れば、まだまだ飢えている国は多い。さらに水が足りない国も多い。世界全体として見れば、飢餓と渇きは大きな問題であり、食糧は一層増産されなければならない。だが、そこでは食糧増産をすすめるに伴い、副次的に農薬汚染のような一つの公害問題が発生しているという認識がなされていた。

人口と食糧はいわば車の両輪のようなもので、どちらにウェイトを置くかによって話はかなり違ってくる。しかし、FAOの場合にはこの団体の性格上、いうまでもなく食糧にウェイトがかかっていた。

FAOの会議の一年前にシアトルで開かれた国際植物学会議に出席したことがある。そのときには、植物学会議だけあって〝世界の食糧問題〟というテーマでの全体のシンポジウムが行なわれたのだが、アメリカの若い大学院生等が盛んにそれに対して反対演説をしていた。その理由を尋ねてみると、「植物学会だから食糧問題を論ずるというのであろうが、それよりもまず人口の急増を何んとかしなければならない。このシンポジウムは産児調節のシンポジウムに切り替えるべきだ」というのであった。これらの事実にも象徴されるように、人口の急増と食糧の不足は、地球上における環境悪化の大きな契機になっていることは間違いない。

こうした流れを受けて、一九九二年六月にストックホルムで人間環境会議が開かれたが、周知のようにこの会議では、環境汚染問題を始めとして開発と環境、天然資源管理等の問題が論議された。この人間環境会議で論議されたことをわれわれがどう受け止め、どう対処していくかが今後に残された課題であるが、人間環境会議については後述する。

その他、人間環境会議のときにも話題になったが、ローマクラブがマサチューセッツ工科大学(MIT)に委嘱してつくった〝成長の限界〟というレポートがある。この研究の基礎としては、人口と食糧はもちろんのこと、その他に、工業化、汚染、再生不可能な天然資源の消費問題の、計五つが取り上げられている。問題はこれらにつきるわけではないが、ともかくこの五つが今日の環境問題の大きな契機になっていることは、多くの人々の認めるところであろう。

一方、最初に述べた研究者レベルの問題では、八年前にスタートしたIBP（国際生物学事業計画）がある。これは各国の生物学者が協力して地球上における生物生産力と人間の適応性の二つのテーマを中心に研究してきたのであるが、後二年でこの一〇年計画は終了することになる。IBPの基本的な考え方は、地球上で多くの人間を養うだけの食糧がどれだけ生産できるのかという発想であった。それも食糧そのものの研究ではなく、地域による生物的生産力の相違あるいはその可能性を明らかにしていく、陸上、海洋、河川等を含めて地域での生産力を解明しようとする基礎研究なのである。人間についていえば、従来人間の住めなかった寒冷地や熱帯の乾燥地帯に人間がどれだけ適応能力を持っているかを併せて研究してきた。

生物生産力といわれるものと、実際にわれわれの食糧として食べられる量とはかなりの違いがある。例えば海洋の場合、基礎生産量として測定されたものの約一〇〇〇分の一がいわゆる漁獲量である。陸上についても生物生産量の約一〇〇〇分の一ないし二〇〇〇分の一が人間の食糧として役立つわけだから、生物的生産力イコール食糧の生産力にはならないが、その重要なベースにはなる。IBPはこのような立場で、地球上の生産力の基礎を明らかにするべく研究を行なってきた。

さらにこれを受けて、これから行なわれようとしているのがMAB計画（人間と生物圏計画）である。

これはユネスコが中心となり、やはり一〇年計画でこれから開始されようとしている。MAB計画は、生物学者だけでなく、多方面の科学者が協力して研究しようとするいわゆる〝学際的研究〟であり、現在一三のプロジェクトが考えられている。IBPを受け、さらに人間環境の問題に密接に関連した諸問題を基礎的なものから応用的なものへと移し、そのプロジェクトの内容が現在審議されている段階である（私はMAB計画のプロジェクトの一つに現在参加している）。

（二）人間環境会議の提起した諸問題——とくに天然資源管理を中心に

次に人間環境をめぐるいくつかの問題について、とくにストックホルム会議を中心に述べよう。

環境問題をめぐる南と北の亀裂

まず、環境問題の認識をめぐって南北の鋭い対立がみられた。南北問題という難問に、さらにやっかいな環境問題が加わった。先進工業国では、環境をこれ以上悪化させないためには、経済活動をある程度犠牲にしてもやむをえないという考え方が一般的であると思われる。しかし数の上では先進工業国よりはるかに多い開発途上国では、最大の環境問題は貧困であると考えている。そして貧困という最大の環境問題を解決するためには開発が絶対必要であり、その場合、先進国の説く環境保全という名目で開発が犠牲にされてはならないとする。いま先進国ではさかんに環境破壊の問題を論議しているが、これはもっぱらそれら先進工業国に責任があるのであって、それによる犠牲を開発途上国が強いられたのではかなわないと、北に対して鋭い対立を示した。したがって人間環境会議の議論の中でも北の環境政策によって、南の一次産品の輸出に影響を与える場合には補償すべきであるとか、環境破壊を防ぐ技術を南の諸国に無料で提供すべきであるといった議論が展開されたのである。つまり、貧困が最大の環境問題であるとすれば、開発こそが環境問題の解決に役立つのだという考え方が、かなり多くの国の人たちを支配していた。

核実験と戦争

その他、環境問題を広げると、例えば核実験の問題が出てくる。これには日本を含めた太平洋地域九カ国が、核実験が環境汚染を引き起こすことについて声明を出し、ペルーとニュージーランドが核実験の禁止に関する決議案を提出した。一方、核実験を行なっている国々、例えばフランス等はそれによる環境汚染はたいした問題にならないといい、アメリカは地下実験であれば、部分的核実験禁止条約で認められていることであるから、兵器の場合と平和利用とは区別すべきであると反論した。もっと積極的に反論したのは中国である。〝平和のためにこそわれわれは核実験を続けていくのだ、特定の国の核独占にわれわれは追従するわけにはいかない〟と、全面的に決議案に反対した。

人間環境会議のひとつの要ともいうべき「環境宣言」の中に、核実験禁止の項が最初から入っていたので最後まで難行した。この問題に直接関与している国こそ少ないが、しかしかなりグローバルな環境汚染問題として注目されたといってよい。

環境会議の主催国であるスウェーデンの首相は、最初から戦争こそが最大の環境破壊であると強調した。これは明らかにベトナム戦争で北爆をしているアメリカを非難したものであった。たしかに戦争は環境破壊の最たるものである。しかし人間環境会議の席上で、戦争を環境問題の一つとして討議するかどうかは、いろいろ疑問もあって、本会議の演説の中では何回かとりあげられたが、具体的な討議は実際には行なわれなかった。

人口問題

人口問題もまた議論の核心であった。例えば、ノルウェーが家族計画の推進についての修正案を提出したが、それに対して人口急増問題に悩むインドやパキスタンが非常に必要であると賛成の立場をとった。ところが、ラテンアメリカ等は内政干渉であるとの見方をし、結局各国政府の要請があれば、国連機関が協力するという妥協案に落ち着いたのである。しかし環境会議の外で、環境広場とか人民広場での議論があり、そこでは政府代表ではない民間の人たちの議論が併行して行なわれていた。そこにアメリカのエリック(『人口爆発』の著者)がやってきて、「環境悪化の原因は人口問題にある。人口を制御しないことにはこの問題は解決されない」という意見を述べた。これに対しては、アフリカ諸国の人々から猛烈な反論があり、「それは黒人の人口増加を恐れた白人の陰謀である」という反撃を受けていた。バリー・コモナー（アメリカ人、『何が環境の危機を招いたか』の著者）もやはり会議場の外で活動していたが、彼はエリックと違い、人口問題が環境悪化にさほど大きな影響を与えているとはみなさず、資源の利用のしかたが間違っているのだという。「資源利用の技術こそが問題なのである」と、アフリカの人たちがエリックの人口制御論に対して反発したのとは違った角度からエリックを批判していた。

天然資源管理

資源問題については、「天然資源管理の環境的側面」という委員会があり、そこでは総合的な資源管理という考え方が強く主張されていた。この考えは事務局と準備委員会によって用意された公式文書の中ですでに打ち出されていた。それによると、地球上のわれわれの住んでいる生物圏をエコ・システムとみなす考え方が基本になっている。その場合、遠隔地で、一見したところ、たいして重要でないような部分で生じた動揺とか変化とかが、実は原因—結果の連鎖反応を引き起こして、究極的には全体のシステムに大きな変化をもたらすという事実を認識しなければいけない。その認識にたってエコ・システムのモデルをつくりあげ、それによってそれを最適に利用する方式を研究し、そして資源量とその悪化の発生しうる時期とを予測しなくてはいけない。天然資源についての計画、開発、管理はそうした総合的ないし統合的な観点から行なった場合にもっとも効果的なのだという考えから、いろいろな項目に分けて論議された。

話題になった鯨の問題は、天然資源管理の委員会で論議されたのであるから、当然右のような観点でみられてよいはずであるが、これには別の政治的な背景があった。鯨も純然たる天然資源と考えれば、資源量の正確な予測をして、この程度なら捕獲してもよいということになるだろう。しかしここでの場合、アメリカを中心とした論調はそうではなく、むしろ鯨が地球上における比類のない生物だからという考え方であった。鯨を初めとして野生動物の価値は、人間にとって天然資源としての価値だけでなく、一種のモニュメントないし地球生物のシンボルであるという考え方が一方にあって、それらを乱獲して食べてしまうのはきわめて野蛮な行為であるという考え方が非常に強く出された。そこでは一般的な天然資源管理とは異なった論点が展開されていたが、このためにその後に行なわれた国際捕鯨委員会では、日本の巻き返しがある程度成功したのである。

地球上の生物をこのようにみる見方も一部にはあるが、これはつきつめていけば自然保護の目的、地球上のあらゆる生物の存在価値の問題になっていくであろう。しかし、そこでの大勢はやはり天然資源を全体のエコ・システムの中でどうして有効に活用していくかが論議されたと思う。このことは、よくいわれているように、いわゆる化石燃料は先がみえ、水力発電とか原子力発電は、現在のところエネルギー資源としてはまだ数パーセントにしかすぎないことと併せて考えていかなければならないであろう。

結局、資源の利用で一番問題になるのは、再生可能かどうかという点にある。すなわち、更新性、非更新性がその分かれ目になるのだが、このことは資源自身に補給のメカニズムがあるかどうかに依存する。補給の機構がかりにあるとしても、その補給速度と見合った範囲内で資源が消費されているかどうかが問題であり、そういう意味での更新性があれば、資源を上手に使っていく限りにおいては資源は枯渇しないわけである。しかし補給の機構がないもの、あるいはその機構があっても消費速度がそれを上回っている場合には、当然その資源が底をつく。その場合にはどうするか。その代替資源をいまから考えておかなければならない。

例えば、水とか二酸化炭素とかは更新性のある資源で、緑色植物が両者を利用して光合成をやることになる。また漁獲量の問題にしても、上手に漁獲をしていけば、先の鯨の問題を含めて更新性のある資源だといえる。

資源についてはいろいろな見方があるが、昔は資源といわなかった水とか二酸化炭素が最初の素材である一次的な資源としてあげられる。植物がそれらを使い、太陽エネルギーによって炭水化物を作り出す。これがわれわれの食物になるが、一次的資源からつくり出されるという意味では、これらは二次的な資源ということになる。化石燃料のようなものは、かつて植物がそのように働いた結果であるから二次的な資源と考えられよう。さらに、それらの資源を活用して人間がふえるということから、人口は三次的な資源といってよい。

これを別の見方からすれば、食物連鎖という見方も可能であり、右の資源のレベルは広い意味の食物連鎖の段階に置きかえられると思う。このように、資源にはいくつかのレベルを考えうるであろう。

人口と食糧との関係についてみると、人口は食糧によって支えられる。両者を並列的に見ることもできるが、むしろ人口を食糧の上のレベルとしてとらえた方がよい。そこでは、この地球上の人口を支えるのには、どれだけの食糧が必要かといった考え方が当然伴ってこなくてはいけないはずである。それも、ただ単に人間が生物として生きていけばいいということなら、相当な人口、例えば現在の一〇倍近くの三五〇億人近くの人口でも支えうるということも考えられる。事実、人口が今の割合でふえていったら、後一〇〇年そこそこで三〇〇億人ほどの人口規模になるだろう。このような計算は数字の上では可能だが、しかし人間は生物的存在としての生存だけを考えればよいのではない。それだけの人口がこの地球上で支えられるかどうかは、単なる食糧問題の次元で論ずることはできない。三六億ないし三七億という現在の人口規模でも、すでに地球はマキシマムな段階を越えているという人もある。この見方をとらないにしても、例えば三〇〇億の人口を支えられるとすれば、単に食べて生きているだけでも現在の八倍近くの食糧の増産が必要となる。これは食糧会議のパネル・ディスカッションでもいわれたような、それに伴って生じる副次的環境問題があるわけだから、ただ人口と食糧という観点だけでは処理できない。

以上のような人間環境会議で議論された諸問題はいずれも未決着のまま残されており、われわれがそれをどう受け止め、どのようにそれを克服するかが今後の重要問題となるであろう。

(三) 日本列島改造論批判

この人間環境会議でグローバルに議論された南北問題に類したことは、レベルこそ違え、日本国内にも存在している。そこで次に、日本列島改造論について少し考察をしてみよう。この日本列島改造論は、全国総合開発計画から新全総に至る開発計画がその前身となっている。しかもこれらがいずれも問題点を解決しないままに延長され、さらに展開されてきている。

経済企画庁の担当官は、『成長の限界』の指摘と同様に、まず資源は有限であると認めた上で、改造論ではその有限性を可能なかぎり伸ばし、工業化の面でも人口の面でも適正配置を通してその可能性を引き出すのだという。そのために、工場再配置とか過密・過疎の同時的解決、交通・通信のネットワークづくりといった構想が打ち出されているわけである。しかし、これには多くの矛盾点が含まれている。

改造論のめざす規模はきわめて大きい。規模が大きい場合に、一〇倍の規模では一つのものが一〇になるだけではなく、種々の副次的な問題が生じる。そういった点についてのきめ細かい検討はほとんどなされていない。例えば無公害基地構想がある。脱硫技術一つ取りあげてみても一〇〇パーセント脱硫は実現しえない。技術とは本来いろいろな過誤をおかすものであるし、完璧な技術というものはない。初歩的なミスといわれる日航機の墜落事故をみてもこのことはよくわかるであろう。また、田中首相自身が昭和五〇年の東京湾周辺の硫黄酸化物による大気汚染量は、現在の二倍になるとさえいっていることは、大規模な工業化のもたらす問題についての検討がまだ不十分である何よりの証拠であろう。

工場を追い出した跡に高層住宅を建てる構想は、工場を地方へ移転してもオフィスは依然として都市部に残っているという、諸外国での経験からも実現性は乏しいのではないか。したがって過密・過疎の解消がうまくできるかどうかきわめてあやしい。

日本の場合は、周囲が海なので工場立地としての埋立てがよく行なわれる。私が住んでいる千葉県の埋立地の造成は、現在県の総合開発審議会と公害対策審議会の両者で論議されてきている。例えば、埋立てが一体いかなる影響を与えるのかという一つの問題を考えてみても、科学的にはほとんど何もわかっていない。埋立てによって海岸線が従来と違った状態になった場合、東京湾の湾流が当然変化すると考えられる。このため漂流びんによる研究とか室内での模型実験が行なわれているが、現象は非常に複雑で簡単には結論がでない。同じ湾流でも表層部、中層部、下層部では流れが違うし、模型実験通りのことが実際の東京湾で起こるかどうかという疑問点もある。

埋立て後、電力会社の工場が立地された場合には、いわゆる熱汚染の問題が起こる。東京湾のように外海でない場合、局部的に温度差が出て水温の違いが生じるはずであるが、それが具体的にどういう影響を与えるかもきわめて不明確である。

いままで海と陸の接点は、実際には干潟になっていたところが埋立て工事でコンクリートが打ち込まれ、干潟がまったくなくなり、構造物と海とが直に接する形になると、従来干潟で行なわれた海の汚染に対する自浄作用がまったく変わってくると考えられるが、それらについても確かなことは少しもわかっていない。もちろん、市民・住民運動の盛り上がりもあり、埋立地に立地させる場合、どういう性格の工場を許可するかについては、かなり厳重な審査が行なわれるようになった。また工場からの廃棄物も注意され、処理する技術も工夫されてきた。そういう点は仮によいとしても、埋立てそのものの影響は無数にあり、その内容はほとんどわかっていないのである。このように、われわれが明確な見通しを立てるだけの基礎データをほとんどもちあわせていない段階で、埋立てが急激に進められることはきわめて問題である。

新全総では、日本の地域区分を北東地帯、中央地帯、西南地帯の三つに大別している。そこでは、北東地帯は積雪寒冷地帯で気象条件が悪く土地生産性が低いとか、西南地帯は台風の常襲地帯で災害が多く土地生産性が低い。一方、それら北東および西南地帯は中央地帯に対する食糧供給圏であるべきだと考えられている。ところが、このように、単純に土地生産性が低いとか気象条件が不良であるときめつけることは非常に問題がある。例えば、ヨーロッパ大陸で先進国の位置している場所は、緯度的には日本よりずっと北の方にある。気候的には、日本の東北地方から北海道地方に当たるところに多くの先進国が位置する。気候条件のきびしいヨーロッパの国々では、水田農業こそないが、昔から畜産は非常に盛んである。このように、むしろ気候、風土にあった土地利用こそ考えられるべきであろう。現在のような土地利用のしかたでみた場合には、北東地帯の特徴はこうであり、西南地帯の特徴はこうであるという判定はできても、そのように固定的に考えるのは正しくない。

新全総から改造論に進むにしたがい農業も大型化し、大型農業基地の方向をとっているが、それによって農業関係者の中でもごく一部のエリート部分が助成され、大部分の農民は切捨てられていくと思われる。経営規模の大型化によって、食糧増産の使命を担った農業においても、工業化は必然的な傾向となる。大型機械化に伴い化石燃料、肥料、農薬を大量に消費するようになるから、食糧会議で指摘された食糧問題の副次的所産としての環境問題が当然発生してくる。

また改造論は、緑の必要性を唱えてはいるが、緑の機能やその保護、造成などの問題については、われわれ生態学者の中でさえなかなか意見が一致しない。同じ緑でも自然度にいくつか段階があり、緑なら何でもいいわけではない（原生林、雑木林、雑草の群落といったものを例に考えると、同じく自然とはいっても自然の度合に違いのあることがわかろう）。緑としての機能を果たすためには、一定の自然度とユニットとしての面積が必要なのである。これらの点についてもはっきりした科学的合意はまだ得られていない。われわれはそこに問題があることはわかっているが、まだ十分な解決点をみいだしていない。こういう時点で、一方では開発し、また緑も残していくということを抽象的にいうだけでは困るのである。

結局、われわれ人間が生存をつづけ、そして豊かな暮しをしようとすれば、いろいろな問題はあっても、開発を全面的に停止させることは不可能である。しかし前述のように、開発の大規模化に伴って発生する諸問題について、ある程度の見通しが得られるのでなければ、開発計画を確信をもって推進することはできない。

(四) 開発の思想と自然保護

広い意味での自然保護について述べたてみたい。自然保護というと、日本語の語感ではかなり狭くとられることがしばしばある。この原生林は大事だから立入禁止というような場合である。しかしユネスコでは自然保護の定義として、「賢明で、合理的な自然、あるいは天然資源の利用」だとしている。アメリカの著名な生態学者オダムの考え方もこれに近い。一九七二年NHKで放映されたテレビ番組を土台にして『環境の科学』という本が出版されているが、その中で彼は、新しい科学としての生態系管理学を提唱している。それは人間と自然を含めた全体を一つのシステムとして管理していくという考え方である。この考え方は、人間環境会議でもいわれた天然資源の総合的管理に通ずるものである。

ここで再び開発と環境、あるいは開発と保護という問題に戻ることになる。つまり開発に問題ありとすれば、開発にどこかで歯止めを与え、あるいはここだけは絶対開発してはいけないといった問題が付随して起こってくる。そこで私も機会あるごとにその問題を考えているが、人間環境宣言の中でも「人間の幸福のための環境改善」が謳われている。現在の日本列島を改造する場合でも、あるいは将来の日本の環境をどのようにつくっていくかを考える場合でも、われわれがどういう環境を望むのかに依存する。大きくは人間の文明、日本人の環境として望ましい姿、小さくはわれわれの家庭の理想というように、さまざまなユニットやレベルで目標が考えられるが、少なくとも人間を中心とした環境についての将来のビジョンがないと考えようがない。人間環境会議で発展途上国の人が述べたように、「われわれは汚染をむしろ望んでいる。それによってわれわれが豊かになればいい」というのも一つの環境対策の目標に違いない(この場合は貧困が最大の環境問題なのだから)。

われわれ人間は、一体どういう環境を望むのかという点をこの際明確にさせて、そのためにはどういう手を具体的に打っていかなければならないのかをつきつめて考えないと、環境問題に対するわれわれの考え方を定着させられないであろう。

われわれが生物として、ただ食べて生きていければいいという人も地球上のどこかにいるかもしれない。なるべく汚染のない環境を望む人もいるだろうし、もっと積極的に生きがいを感ずる魅力的な環境にしたいというビジョンも考えられよう。どういう目標を掲げるかによって対処のしかたは非常に異なってくる。

人間一人当たりどれだけの土地が必要かを考える場合(地球上でどれだけの人口を支えられるのかという計算をするときに常に出てくることであるが)、人間が一日にどれだけのカロリーが必要で、それを満たすための野菜や肉を生産するためにどれだけの面積がいるか、あるいは人間の住む場所、緑地、工場用地などとして、どれだけいるかということを含めて計算される。

例えば、オダムはわれわれが野菜のような植物だけを食べて生きていけばいいということになれば、一人当たり一〇分の一ヘクタール、もう少し内容の豊かな食生活を望むなら、一人当たり二ヘクタールぐらいは必要と試算している。また、単に生存水準を維持するだけでなく精神面でも豊かな生活を望む場合は、もっと広い面積を必要とするであろう。

結局、列島改造論に限らず、広く環境問題を考える場合に、自然を変えるのがいちがいに悪いとはいえない。実際、人類の出現以来、人間は自然を改造しつつ生きてきたのである。しかし人間にとっていちばんよい形で変えていきたいと誰しも望む。そのよい形とは何であるのか。

人間には未来永劫にわたって健全に生きつづけていきたいという生存維持の欲望が少なくともある。それに加えて豊かな生活を支えるためのいろいろの要素がある。われわれ人間が、あるいは少なくとも日本人が望ましい環境や社会の将来像で、どのへんに目標を置くのかという点が明確にされないと、環境問題に対する具体的な方向は打ち出せないであろう。列島改造という行政が先行するのではなく、その基礎としての人間環境観、とくに環境や社会のナショナル・ゴールについての百家争鳴、それをとおしてのコンセンサスを期待したいものである。

三、持続可能な開発について

「環境と開発」（Environment and Development）という言葉がはじめて公式の国際会議で使われたのは、一九七二年ストックホルムにおける国連人間環境会議であった。その時の一つの部会の名称としては「開発と環境」であったが、そのあとは常に「環境」を先に出して「開発」を後につけている。一九八〇年に出された「世界保全戦略（World Conservation Strategy）」、そのあとの「環境と開発に関する世界委員会」の「われらの共通の未来」（Our Common Future, 1987）、最近のものとしては、一九九二年リオデジャネイロで開かれた「国連環境開発会議」（United Nations Conference on Environment and Development, UNCED、または地球サミット）に至るのである。

この一九八〇〜一九九二年の間の「環境と開発」に対処するキーワードは「持続可能な開発」（sustainable development：SD）であった。そのスタートともいうべきIUCN、UNEP、WWFによってまとめられた「世界保全戦略」の中では、SDとともに、「種と生態系の持続可能な利用」（sustainable utilization：SU）という術語を用いている。そしてその副題にも示されているようにSDのための生物資源の保全を念頭においている。一九八七年の「われらの共通の未来」では、「持続的な開発とは、将来の世代の欲求を充たしつつ、現在の世代の欲求も満足させるような開発をいう」としているが、その後の説明では、天然資源の開発を例にあげているものの、上記の定義はあいまいである。

わたしはSDに対しては、当初から批判的で、環境庁で環境基本法のヒアリングがあったときにもそのことを述べた。しかし「国連できめた概念に反対なのか」といわれて愕然としたことがある。持続性と開発は本来矛盾する概念である。開発とは「産業を興して、天然資源を人間の生活に役立たせること」(広辞苑)とあるが、この天然資源が化石燃料のような非再生性資源の場合は、開発によって資源はいずれ枯渇する、つまり持続しない。これに対して一九八〇年の報告のように生物資源のSUという場合は、一九八七年報告でもいっているように、「天然資源の過剰開発」を注意すれば持続性がなりたつ。しかしこの場合は、農業資源、林業資源、水産資源のような再生性の資源でなければならない。一九八七年報告では、「開発のために生態系はその複雑な仕組みがくずれ、動植物の種も減少しがちである。一旦絶滅した種は再生しない。動植物種の損失は将来の世代の選択肢を大幅に狭くすることになる。したがって持続的開発を行うためには、動植物種の保存が必要である」と適切に述べている。しかし、単に種の保存というだけでなく、種の量や生態系の構造を保存する方策を考えねばならない。

非再生性の資源についても、「使用すれば、その量は当然減少するが、だからといって、これを使用してはならないということではない」という。私もその点は同感であるが、ただしSDはその際成り立たないのだから、SUまたはSM(持続可能な管理 sustainable management)として代替資源をさがしたり、リサイクルの努力をしたり、資源使用の節約をはかるようにといっているのである。

三、持続可能な開発について

一九八〇年の報告に対して、一九九一年「新・世界保全戦略」として「かけがえのない地球を大切に」

を出したが、副題は「持続可能な生活様式のための戦略」（A Strategy for Sustainable Living：ＳＬ）であった。はじめに持続性の概念についての議論を行っている。そこでは「持続可能な成長」は矛盾した術語であり、「持続可能な利用」は再生可能資源に適用されるとする。「持続可能な開発」とは「人々の生活の質的改善をその生活支持基盤となっている各生態系の収容能力限度内で生活しつつ達成することである」としている。一九九四年のＩＵＣＮ総会では「持続可能な資源利用」（sustainable resource use：ＳＲＵ）といういい方をしているが、こういう限定した使い方だと分かり易い。私の結論としては、ＳＤをやめて、ＳＵ、ＳＲＵ、ＳＬ、ＳＭをとりたい。

第三章　環境問題への取り組み

一、世界の動き

(一)　一九六〇年代以降のエコロジー運動

一九六〇年代になると、いわゆるエコロジー運動が澎湃として起こったが、そのエコロジーは、いわゆる公害問題をはじめ、貧困な居住環境、超音速機の騒音、洪水など身辺の多くの問題を含み、過激な運動としては、駐車している車をひっくり返して火をつけるなどのことも行われた。ちょうど私はその頃短期間米国に滞在していたが、その運動の支持者が車のステッカーや服の袖につけたエコロジーフラッグ(エコロジーの旗)がとても目についた。そのうちにエコロジーファッションなどもあらわれてエコロジーブームを迎えた。妙なことだが片仮名書きのエコロジーと生態学は違い、前者は教壇から町に出た生態学だなどといわれたが、英語では片仮名書きかどうか区別のしようもあるまい。この運動がまさにアメリカの大学紛争の中心にあったことは大変興味深い(日本の大学紛争がどれだけの成果を残したか、はなはだ疑問に思っている）。その頃起こった学生による教官の評価制度が残っているところがあるが、エコロジー運動はいろいろな形の波紋を後に残した。また「地球の友」その他の関連した活動が起こり、暗殺されたスウェーデンのパルメ首相が中心となって人間環境会議の準備会議が一九六八年（大学紛争のちょうど最中）に始められ、一九七二年には画期的な国連人間環境会議がストックホルムで行われた。アメリカでは環境問題に対する大統領の教書が出され、一九七〇年には環境保護庁（ＥＰＡ）が発足した。この時期には生態学者の多くが環境科学をめざし、欧米の各大学に環境科学部や環境科学の研究所がつくられ、わが国でも若干類似の傾向をみた。

これらの流れのなかで生態学は基礎的な生物学の分野として大事に育て上げるべきであったが、予算獲得の都合などから、生態学の講座をつくるべきところを環境生物学としたり、環境保護、環境工学、環境農学などの学科や講座をつくる方向に向かったことは残念であった。アメリカでの研究費の流れや、発表論文数と分野の関係を調べた人があるが、第一次オイルショックのあと、環境問題どころではないというので環境科学の研究は著しく縮少され、その後バイオテクノロジーのような花形の分野に転向（人だけではなく、学科や講座の看板までも）する傾向がはっきりしたという。

一九九〇年あたりから「地球環境」という用語がはやり出し、サミット（先進国首脳会議）の議題にもなり、公害研究所は環境研究所になるという有様で、第二の環境の時代という人もあるが、第一から今までにも波があり、第三、あるいは第四の環境の時代と称すべきかもしれない。ヨーロッパ保全年のごときは、一九七〇年以来、三回ほどやっているはずだ。一九九〇年八月には第五回国際生態学会議（INTECOL）が横浜のホテルで行われたが、はたしてどんな具合であったか、シンポジウムのテーマからみてみよう。

(二) 一九九〇年の国際生態学会議

生態学はもともと生物学の一分科であったから、大学でいえば理学部の生物学科の学生が聴くのが主体であった。その後農業生物や畜産、林学や草地学の一部でも行われるようになったが、人間を前面におし出すことはきわめて少なかった。今回の会議でも直接的に名称を出しているものとしては「来るべき時代の人間生態学」のようなものがあった。これに関連して、「地球の人間収容力」、「人間活動の環境への影響」（ユネスコの人間と生物圏プロジェクトの考え方）、その他「持続的土地利用に対する生態学的プリンシプル」など。この持続的（サステイナブル）という用語は畜産や水産の用語として古くから使われてきたが、一九八〇年の「世界保全戦略（IUCN、WWF、UNEP）、さらに引きつづいてわが国の予算で行われた一九八七年の「環境と開発に関する世界委員会報告」（訳書『地球の未来を守るために』）で流行になった。それも、はじめ持続的利用に重点があったが、しだいに持続的開発といわれ、開発を正当化するような形で使われるようになってきた（今日のリゾート開発をみよ）。このことをある審議会で強くいったところ、次回の説明では持続的発展ときた。横文字を同じにして日本語だけかえてみても一種のすりかえにしかならぬ。持続と開発は矛盾するものである。一一月パース（オーストラリア）であったIUCN総会での発言をきいていると、会長のスワミナサンはさすがに、「持続的利用」とか「持続的管理」といって、一度も「持続的開発」という用語を使わなかった。それに反して、事務局の人は何のためらいもなく持続的開発というので、生態学の哲学の必要性を痛感した。

社会生態学という言葉や考え方をとりこんだものも多く、「熱帯農業に対する社会生態学的戦略」とか、「熱帯地域の資源利用における社会生態学的関係」その他、マングローブ林や熱帯稲作農業、山火事、焼畑などもとり上げられた。もっと端的に扱ったものとしては、「文明史的にみた人間―生態系関係」というものまであった。「都市生態学」に関するものは第一回の国際生態学会議（オランダのハーグ）以来、ワーキンググループができてずっと続いてきた。今回は「都市計画の基礎としての都市生態学」であったが、MAB計画で都市生態系を扱う第一一プロジェクトで、ほとんど同じねらいのシンポジウムをソ連（スズダル）で開いたことがある。

都市生態学と関連の深い分野で、今回飛躍的に拡大したのが「景観生態学」（相観の相をとって「景相生態学」と呼んだほうがよいと思う。単なる景色やその範囲としての景域よりも、相、ゲーテの原型、フンボルトの相観、さらにはシェーファーのサウンドスケープまで含めたい）であった。オーソドックスに景相生態学をねらったものが三つ、その他関連のものも申し込まれてプログラム委員会も大変であったが、環境問題に対する生態学的アプローチの拡大を意味するものともいえよう。景相生態学は従来は造園学的な分野と結合することが多かったが、今回の傾向としては、グローバルもしくはローカルな自然環境や社会文化的環境と人間活動の関係を含めた人間生態系の法則性を探究する方向が強く打ち出されていた。これを機会に国際ランドスケープ連合の日本支部をつくることとした。

ユネスコで推進している生物圏保護区（コアとバッファーと多目的利用区を含めて、一つのセットとしてつくる保護区）の話題もあった。これに関するホットなシンポジウムとしては、「保全生態学とサンゴ礁生態系」ということで、石垣島の白保サンゴ礁の調査にたずさわったIUCN関係などの人も出席し、満員の会場で熱心な議論が行われた。サンゴ礁をつぶして滑走路をつくる問題に関しては、一九九〇年一一月のIUCN総会でも反対の決議が採択されたが、その基礎にはIUCN、日本自然保護協会、WWF日本委員会の調査団の綿密な科学的、生態学的調査があったことを忘れてはならない。モンバサの空港でも同様の計画があるそうであるが、日本のような先進国でもそんな馬鹿なことを計画しているのかと、ケニアの人に笑われてしまった。

ケニアといえば、「野性動物保護の理論と技術」といったものが二、三あったが、アメリカやカナダでは類似の問題を処理する役所がフォレスト・サービス（森林局）、パーク・サービス（国立公園局）、ワイルドライフ・サービス（野性生物局）などいずれもサービスの名がついていて、わが国の林野庁、環境庁自然保護局、同野生生物課などのいかにも役所的な名称に対して、人間と自然との共存をはかるサービスというやわらかさが感じられる。その根底には系統学、生態学などの研究の蓄積があるのだが、それらを活かしたアプローチの方向にも学ぶべきところがあるように思われた。アメリカのイエローストーン国立公園の大火の際にみられたフォレスト・サービスとパーク・サービスの激しい議論も、実は一九世紀に国立公園が指定されてからの「自然の火は消さない」という大論争の続きなのであるが、その基底にはサービスの観点が常につきまとっていたといえよう。これに関しては数年来のカリマンタン原生林の大火も思い起される。

このような例をあげていくと、今回の国際生態学会議の話題はつきないのであるが、「人間活動による気候とエコシステムの地球環境の変化」といったものまであらわれて、最近はやりの地球環境の一種の先駆的役割を果したともいえるであろう。その他に、普及啓蒙的な意味での、環境教育などの問題も扱われた。

環境問題、それも最近のグローバルな問題に生態学がどれほど寄与できるかは問題であるが、少なくともその基礎的な問題や概念、方法などについて、今までの蓄積によるアプローチが考えられるであろう。

国連人間環境会議が行われた一九七二年のユネスコ総会で採択された「世界の文化遺産および自然遺産の保護に関する条約」(世界遺産条約と略称)は、すでに一二五カ国が加盟し、三四〇カ所が指定されている。しかし、わが国はいまだに批准をしていない。政府では地球環境の重視を訴え、ＯＤＡなどでも多額の予算を組んでいるが、世界の多くの国が加盟している世界遺産条約に、二〇周年を迎える今日も加盟していないのは誠になさけない。後世に伝えるべき世界遺産は、いくつかのクライテリア（基準）にてらして採択がきめられるのであるが、その中心になっているのは、やはりエコロジカルなクライテリアなのである。

二、国連人間環境会議の位置づけ

(一) ストックホルム会議

一九七二年の六月五日～一六日の間のスウェーデンの首都ストックホルムで表記の会議が行なわれた。会議は本会議（一般演説、人間環境宣言、決議、勧告の最終的採決）、第一委員会（環境の質に対応する人間居住の計画と管理、環境問題の教育、情報、社会および文化的側面）、第二委員会（天然資源管理の環境的側面、開発と環境）、第三委員会（広汎な国際的意義をもつ汚染物質の識別と管理、行動計画の国際機構的意義）の四会場が並行して行なわれたほか、民間の会場としてスウェーデン政府の準備した環境広場、さらに人民広場などでの会合がやはり並行してもたれた。私は主に第二委員会に出ながら、他の会場にも時々顔を出した。

人間環境宣言と日本にとっての問題点

何をもってこの会議の成果とするかは人によって違うが、その第一に人間環境宣言の採択をあげることにはまず異議があるまい。ストロング事務局長をはじめ、スウェーデンやカナダの政府はその無事採択に努力したが、中国の強い反対にあってかなり難行した。原則を重視する中国は委員会では殆んど発言をしなかったが、本会議の一般演説と人間環境宣言の審議では大いにファイトをもやして自説を主張した。中国は一三日に一般演説をし、アメリカのベトナム戦争を非難するとともに、超大国の身勝手な環境汚染を指摘し、低開発国は開発をすすめることによって帝国主義の支配を脱せねばならぬ。核については超大国の独占を破り、自衛と世界平和のために核の開発と実験をつづけねばならぬと主張をし、それより先の九日には中国独自の人間環境宣言を出してきた。この宣言案審議は于余曲折を経たあげく、最終的にはほぼ原案の線で採決された。

ところで、具体的な問題で日本にとって大きな問題は三つあった。一つは商業捕鯨の一〇年間停止の提案で、これについてはアメリカを中心として強力な主張が展開され、会議場の外でも鯨祭りなどのアピールやデモがさかんに行なわれた。その主張は、今日の地球上に住む最大の動物である鯨はいわば地球生物のシンボルで、これをとって食べるなどはもってのほかだという。もう一〇年も前から「地球の友」のグループなどが地道な運動をはじめ、鯨の泣き声のLPレコードなどで広汎なキャンペーンを展開していた。これについては後に国際捕鯨委員会で日本の主張が基本的には認められたように、一律禁止というのは非科学的であり、この環境会議の一つの問題領域であった「天然資源管理」の考え方とも矛盾した奇妙なものであった。ただ鯨という動物を資源としてみないという立場が確立されるならば話はべつであるが。

第二に海洋汚染の規制について、沿岸国の権利拡大を主張したカナダ案に対して、日本は、このような環境保護のための指導理念は今後の海洋法会議などの審議を拘束する結果になるし、そのようなことを環境問題の会議で決めるのはおかしいとして反対した。

第三に、国際貿易上、環境政策をすすめることによって輸出国である発展途上国のこうむる不利益に対して、輸入国である先進国が適当な補償措置をとるという勧告に関しては、損害賠償のような形でなく、公害防止の技術援助などで補うべきであるとして、やはり反対した。以上のように日本側で大きな問題とした点はいずれも多勢に無勢で孤立してしまい、主張をとおすことはできなかった。

審議される公式文書はすでに翻訳も出ているように、各問題分野ごとに総論と勧告からなり、勧告はさらに、

一、行動のための考察

二、国家的行動のための勧告

三、国際的行動のための勧告

の三つにわかれており、今度の会議では三を中心として審議がすすめられていった。

人間環境の問題点

今回の人間環境会議は一九六八年末の国連総会で決定してから準備段階に入ったのであるが、この間とくに一九七〇年以来、足かけ三年にわたる準備委員会で本格的な準備がすすめられた。

そのころ外務省から派遣された社会開発調査団（団長村上孝太郎氏）は「人間環境の諸問題」（一九七

〇)という報告書をまとめているが、そのはじめに書いてある次の言葉が印象的であった。「われわれ調査団がニューヨーク到着のその日がたまたまEarth Dayという街頭デモのあった当日であり、胸にEnvironmentというバッジをつけた何万という大衆がブロードウェーを練り歩いたのでありますが、一時的なお祭りにせよ、全米で五〇万といわれるこうした大衆動員力を現実に示しえたのは、正に環境問題のもつ政治的社会的必然性を実証するものであると考えられるのであります」という。

ストックホルム会議のはじめの一般演説で、スウェーデンのパルメ首相や国連のワルトハイム事務総長が述べ、のちに中国代表がはげしい言葉で述べたように、現代における最大の環境破壊は戦争であり、膨大な軍事費を環境問題の解決にふりむけよ、平和な世界においてのみ環境問題の解決は可能であるとする考え（この考え方は民間団体ダイドンのリーダーであったアメリカのコモナー教授が最後に行なった国連会議の批判の基調でもあった）が有力な一つの流れをなしていた。また多くの発展途上国が主張したように、貧困こそは環境悪化の象徴であり、そこから脱却するためには開発を進めることが第一であるという考え方も強かった。このことは大石武一首席代表（環境庁長官）とともに最も拍手の多かったマクナマラ世界銀行総裁の演説にあったように、地球を船にたとえると、わずかの国が一等船客で、残りの多くの国は船底に詰め込まれているという。そこで経済成長がなければ、貧乏な国はいつまでも貧乏でいるほかない、という考え方に到達し、これらがいわゆる南北問題としてあらわれた。

その他、人口問題も環境悪化の根源として論じられたが、「人口爆発」などの著書のあるアメリカのエリック教授の環境広場での演説に対しては、低開発国側から、ひとの国の人口問題に余計な口を出すな、それは有色人種の勢力増大を恐れる白人の陰謀ではないかといった反論もあり、ここでも一種の南北問題がみられた。

結局のところ、一番の問題は、地球上の人間環境としていかなる形を理想として追求するかという、基本的な人間環境観であるといえよう。今回の会議では勧告案の審議などで多くの時間をとられたが、そうした基本的な立場があいまいであった。人間環境宣言でも「人間の幸福のための環境の改善」をうたっているが、工場の煙をとめて原始生活にかえるのが幸福なのか、冷暖房完備の家に住みレジャーを楽しむような生活が幸福なのか、その辺が十分追求されていない。車をのりまわして足が弱くなることは、排気ガスのことはべつにしても、十分幸福とはいえないのではないか。現代文明の恩恵にひたったエスキモーは冬の寒さに対する抵抗性を失ってもその方が絶対にいいのか、といったさまざまな問題がある。

アメリカでは大統領府にナショナル・ゴール研究部を設けているが、人間環境としてのナショナルあるいはインターナショナル・ゴールは何なのか。人間の遺伝性に関しては、最適の遺伝子組成をもった人間社会をゴールとする考えがあるが、これは結局は優生学の思想であり、イギリスなどで問題となった試験管ベビー是認の方向ともつながるであろう。

このようなことを考えてくると、人間環境会議での論義もじつは今後に多くの問題を残しており、これをきっかけとして、われわれはどう考え、どう対処していくか、腹をきめてとりかからねばならないところにきていると思う。

(二) 環境と開発に関する世界委員会

環境と開発をめぐって

ストックホルムの人間環境会議から一〇年たった一九八二年、ナイロビで過去一〇年間の環境変化を総括する政府間会議が行われた。この時の日本代表の提案によって「環境と開発に関する世界委員会」(ノルウェーの女性総理のブルントラントが委員長)が設けられ、その後七年間の討議によって、「地球の未来を守るために」(一九八七)という報告書が作成された。ここでの基本的なテーマとなった「環境と開発」の問題は、すでにわが国の「公害対策基本法」(一九六七)の審議の際にとりあげられている。

この法律ができる時の一つの思想として、公害対策ないし環境対策は経済との調和を顧慮しなければならないということがあった。しかし結局は、この調和条項が削除されたのは画期的なことであった。

この問題にグローバルな見地から取り組んだのは、国際自然保護連合(IUCN)、国連環境計画(UNEP)、世界野生生物基金(WWF)が作成し、配布した「世界保全戦略」(一九八〇)であった。その副題には「持続的な開発のための生物資源の保全」となっている。本文中では「持続的な利用」とか「合理的利用」という言葉も用いられているが、基本線は「持続的開発」であり、これをさらに強力に打ち出したのが、一九八七年の「環境と開発に関する世界委員会」の報告書であった。しかも丁度そのころわが国ではいわゆるリゾート法ができ、開発志向の恰好な受け皿ができたし、一方ではバブル経済によって、その傾向が加速される状況であった。

適度の開発はわれわれの生活を豊かにする上で大いに貢献してはきたが、開発というのはそもそもある状態を変えて、われわれの希望する状態にすることであり、その意味において非持続的開発というのは用語的に自家撞着である。

国際自然保護連合の第一八回総会（オーストラリアのパース）の決議では、再生性資源の適正な、持続的な、賢明な利用ということをうたっており、それによって生物の種と生態系がいい状態で維持できるとしている。

石油、石炭のような化石燃料は非再生性の資源であるから、利用しただけなくなっていくわけであるが、再生性資源の場合は、いわば元金に手をつけないで、利子分だけ利用させてもらえば、資源の持続性は保持される。

私は前に「持続収量林業」というテーマのワークショップに出て感銘をうけたことがあるが、そこでは、林業的な収量を単に木材に限らず、森林の中に生活する野生動物、リクリエーションや自然観察、自然教育などのために収容できる人数、森林の保水力、土壌侵食を防ぐ力などすべて含めて収量と考え、その収量が持続されるほどほどの利用を考えるというものであった。

こうして「開発」から「利用」へ、さらに最近は、「世界保全戦略」の新版として出された「かけがえのない地球を大切に」（一九九一）の中では、「持続可能な生活様式」とか「持続可能な社会」といわれるようになった。開発志向を適正技術とか「スモール・イズ・ビューティフル」といった段階に抑えるためにも、持続性を生活様式や社会生活の中で確立することが必要であろう。一九九二年の六月ブラジルで開かれる「環境と開発に関する国連会議」を目前に控えて一言注意を喚起したい。

(三) リオの地球サミット

一九九二年の六月三日～一四日の間ブラジルのリオ・デ・ジャネイロで、地球サミット（正式の名称は「環境と開発に関する国連会議」）が行われたことは周知のことであろう。この「環境と開発」といういい方は、わが国の資金援助で発足した「環境と開発に関する世界委員会」（一九八二～一九八七）で強く打ち出された。この報告書（ノルウェーの女性首相のブルントラントが委員長であったので、ブルントラント報告ともいう）「われらの共通の未来」（邦訳「地球の未来を守るために」）の中心的な思想は「持続可能な開発」にあった。この持続可能な開発の思想を大きくとりあげたのは、一九八〇年に出された「世界保全戦略―持続可能な開発のための生物資源の保全」（国際自然保護連合〈ＩＵＣＮ〉、国連環境計画〈ＵＮＥＰ〉、世界自然保護基金〈ＷＷＦ〉による）であった。本文中では「持続可能な利用」という適切な表現も用いられているが、全体としては一九八〇年以来「持続可能な開発」という自己矛盾的な概念が主流をなして、リオの会議まで進んできたといえよう。持続性というのはある望ましい状態が維持されることをいい、開発はある状態を変化させることであるから、用語的に矛盾している。そのもとのおこりは人間環境会議（一九七二）の折の一部会としての「開発と環境」にあった。リオではこれが部会ではなく、全体のテーマになったのであるが、環境保全を主張するのは先進国（北の国）であり、一方、開発の権利を主張するのは開発途上国（南の国）であり、全体のテーマからして、ここでも南北問題が色濃く反映されていた。リオで採択された「生物多様性保護条約」に対して、アメリカのブッシュ大統領が反対して調印しなかったことにもそうした背景があるのである。生物の多様性の高い場所として注目されている熱帯林は開発途上国側にあり、国々のその所有権や開発権が主張されたからである。右の一九八〇年の文書に対して「新世界保全戦略」にあたる文書（一九九一）が「かけがえのない地球を大切に――持続可能な生活様式のための戦略」として発表された。ここでは「持続可能な開発」を「生態系を支える環境収容力内で生活しながら、人間生活の質を改善すること」と注を加え、「持続可能な社会の建設」（世界監視研究所のL・ブラウンがこの表題ですでに一九八一年に著書をまとめている）にまとをしぼっている。

わが国では一九七一年に環境庁ができ、一九七二年には自然環境保全法ができ、それから二〇年たつ今日、環境基本法の検討が行われている。一九七〇年にはいわゆる公害国会が開かれ、公害対策基本法ができ、公害教育が社会科の中で行なわれることになった。この時、経済との調和条項が問題になり、ついにその条項が削除されたのは、大いに評価してよい。しかしその後、ブルントラント報告が出たその年（一九八七）にわが国では、リゾート法ができて開発促進の尖兵となった。しかし、まもなくバブル経済の崩壊で減速したのは、自然保護の面からは幸いだった。

今回、私は非政府組織（NGO）の会場（フラメンゴ公園）で行われた環境教育のシンポジウムに招待され、アジアの環境教育について報告をした。リオの地球サミットというのは、政府間会議は郊外のリオセンターで行われ、NGOの会場はそこから三〇数キロ離れた市内の公園に設けられていた。一方、学術的なワークショップは連邦大学で連日行われ、著名な研究者も参加して内容の濃い科学的な討議が行われていた。これら三カ所で並行して行われたが、残念ながら三者の連絡はほとんどなく、ブラジル政府がNGOに力を入れたといっても、政府間会議場とは三〇キロ以上も離れていては隔離政策のように勘ぐりたくなった。しかも治安が極めて悪く、軍隊と警察の戒厳令的な保護の下に何とか事なきを得た。私は二〇数年前にブラジルの生態的な調査で広く歩いたことがあるが、治安の問題もなく、経済的にもずっと安定していた当時をなつかしく思い出した。

（四）ストックホルム会議をふりかえって

話が前後するが、ストックホルムでの第一回国連人間環境会議をきっかけとした環境問題への国際社会の取り組みが、第二回のリオデジャネイロ会議までどのような経過をたどったか、ストックホルム会議を振りつつ、その後の新たな取り組みについても述べてみる。

ストックホルム会議の会期中に当時の大石武一環境庁長官は本会議の演説で世界環境週間を提案した。それが環境デーになってしまったけれども、わが国の提案がきっかけでこのような記念すべき日が設けられたことは結果的には大変よかったと思う。

ところで、ストックホルム会議も間近になった頃、急に政府代表団の特別顧問として行くようにという話があった。それからあわてて、それまでの準備委員会での討議の経過と内容を勉強したりしたが、こうした政府間レベルの大きな会議では、実際問題としてわれわれの出る幕はほとんどない。環境問題についてては専門家でなくても、政府の訓令をうけて代表である外交官が国としての意向を述べるわけであるから、科学者の会議のように、科学者個人の見解を自由に述べるのとは全く異なる。しかしわれわれの関係では、ＩＢＰ（国際生物学事業計画）やＩＵＣＮ（国際自然保護連合）などに所属する顔見知りの生態学者がかなりたくさんきていて、むしろ舞台裏の話が興味深かった。またこれらの関連した非政府機関の会合は別にもたれ、スウェーデンのＩＢＰはわれわれを招待して、彼らの研究の紹介を熱心に行なったりもした。

各委員会のすすめ方は周知のように、準備委員会の段階で用意された原案があって、それを審議していくのであるが、どうでもよいような字句の修正に時間を費すといった場面も少なくなかった。多くの人の耳目をひく捕鯨禁止のような問題になると、演説の応酬があったのであるが、それも環境外交といった立場での演説であって、科学的な根拠をつきつめていくという類のものではなかった。だからこそ捕鯨の問題でも、一〇年間商業捕鯨禁止の原案採決をしておきながら、その詳細な検討はそのあとの国際捕鯨委員会の折に行われることになった。そして結局のところ、ストックホルム会議の結論はひっくり返されてしまったのだが、その辺がどうもわりきれないところである。

ストックホルム会議の前年、一九七一年にICSU（国際学術連合会議）のSCOPU（環境問題特別委員会）が編成した地球環境監視（Global Environmental Monitoring）案は、副題に「一九七二年の人間環境会議への報告書」とうたってある。わが国でも日本学術会議のSCOPU小委員会で討議され、日本生態学会はこれにもとづいて環境庁あての要望書を送ったりした。こうした文書はそのままストックホルム会議で審議されるのかと思って大いに関心をもっていたのであるが、そのうちごく僅かな方針に類する部分が行動計画の勧告にばらばらの形でとりいれられ、採択されたのである。これも捕鯨の場合と同じく、具体的な問題は今後のSCOPUその他、関連機関の検討と実行にまたねばなるまい。

このようないわば精神論なり大まかな方向づけという点では、このストックホルム会議は大きな足跡を残したのである。この山ともいうべきものは「人間環境宣言」であった。これは当初の日程案によれば、準備委員会で用意されていた草案は本会議で一日討論のうえ採択される予定であったという。ところが多くの国から五〇をこえる修正案が出されたほか、とくに中国は別の案を提出して、根本からの討議のやり直しを要求した。会期中発行された新聞 Stockholm Conference Eco ＝六月一〇日号によると、中国の代表からみて、用意された草案は決して満足すべきものでなく、人間環境に関するすぐれた健全な宣言たらしめるためには、とくに開発途上国の考えがよく反映されねばならないとした。

中国側の見解では、例えば人間はまさしく万物の霊長であって、人口増加と環境保全についても何ら悲観すべき理由はない。二つの問題とも、都市人口の抑制、農業地域での定住、環境の認識などの国の政策によって解決可能であるとする。また、環境汚染の大きな社会的根源は資本主義にあり、それが帝国主義、植民地主義、新植民地主義のような形であらわれて利潤を追求し、人民の生死などには無関心で有毒物質を放出するところから起るのだ。犠牲になった国は、当然公害をまきちらした国から保障されるべきだ、といった調子の中国側からの宣言が、本会議の非公開の作業部会で出されてきた。ここではもちろんベトナム戦争の問題にもふれられているのであるが、こうした環境観や世界観の相違をのりこえて、とにもかくにも、周知のような人間環境宣言がストックホルム会議の最終日にまとめあげられたのであった。

先にも述べたように、ストックホルム会議の最大の意義は、環境問題に対する共通の認識を深め、地球上の人間のよりよき生存のために、今後どうするかについての方向づけをしたことにあった。そうした観点にたてば、環境宣言はその憲法のごときものであって、熟読玩味すべきものであろう。その前文の中にあるように「人は環境の創造物であると同時に、環境の形成者である。人間環境を保護し、改善させることは、世界中の人々の福祉と経済発展に影響を及ぼす主要な課題である。われわれは歴史の転回点に達した。今やわれわれは世界中で、環境への影響に一層の思慮深い注意を払いながら行動をしなければならない……」とあり、また原則の第一にある「人は尊厳と福祉を保つに足る環境で、自由、平等および十分な生活水準を享受する基本的権利を有するとともに、現在および将来の世代のため環境を保護し改善する厳粛な責任を負う……」ということを銘記すべきであると思う。

ストックホルム以後

人間環境会議の開幕される前、アラスカ(アンカレッジ)で日米環境問題セミナーが開かれた際、アメリカのマサチューセッツ工科大のマシューズ(SCEP=「地球環境に対する人間の影響研究計画」やSMIC=「気候に対する人間の影響研究計画」の担当者)は、すでにPost Stockholmについて語っていた。ストックホルム会議が終ってから刊行された「経済と外交」誌では、当時の国連環境事業局科学課長が「ポスト・ストックホルムの課題」を表している。それによると、一、環境計画管理理事会が行動計画を実施に移す優先順位を決定する際には、日本の意向を反映させるようにすること。行動計画は、現状把握などのモニタリングなどの情報収集、環境保全の実施措置、訓練などの補助活動にわかれているが、これらに対する国際的な動向をつかんで、対処する必要がある。二、モニタリングの技術、汚染防止技術の開発、改善など関連の科学技術の発達をはかる。三、汚染規制、とくに海洋投棄規制について、汚染物質の排出規制を中心とするわが国の考え方に対し、ひたすらに沿岸国の特別な規制権限を設定しようとするカナダのような行き方がある。このような沿岸国的考え方が多い中で、わが国の「公海の自由」

の考えが守れるかどうか。四、環境問題の中でわが国は従来公害防止、汚染防止に重点をおいてきたが、資源管理的な自然保護に目を向けねばならない。大規模な資源輸入にたよっている日本経済にとっても、資源管理の問題は重要な関連を有する。五、第二回人間環境会議が開かれる前に、専門科学者レベルの会議を日本で開くべきだ。以上は、とくにわが国の立場からのポスト・ストックホルムの課題といえようが、示唆するところが大きい。

アメリカ生物科学協会の編集幹事のレーズナーも、同じ頃同じような論説を書いているが、その最後に、「力強い第一歩はふみだされた。しかしその足跡が望ましくない方向、実効を伴わぬ計画、国家の境界といった風に吹き消されぬよう努力せねばならぬ」と結んでいる。

最近までに、ポスト・ストックホルムの方向を議する会議はいくつも開かれている。アメリカ生物科学協会（ＡＩＢＳ）は一九七二年八月二八日に、早くも“After Stockholm”というシンポジウムを開いているし、非政府機関（ＮＧＯ）の人間環境会議に関する連絡会議は、一九七二年一〇月にジュネーブとニューヨークで開かれ、一〇項目の合意を確認している。

ＳＣＯＰＥは一九七三年一月一一～一三日パリで会合をもったが、そこでモーリス・ストロングは、ストックホルム会議の勧告をよく検討し、ＳＣＯＰＥがとくに得意とし関心をもつ問題をとり出すように求めた。その後ヘルシンキで開かれたＩＣＳＵの第一四回総会では、科学者と国際的な環境問題についての決議を行なっているが、それによると、一、ストックホルム会議をふくむ現在の環境問題に対応し、二、環境破壊の底に横たわる基礎的過程の解明に力を貸し、三、全世界の学者が参加して行なえるような、あらゆるレベルの研究に適当な方法を開発することが必要であるとしている。

このような方向のもとにSCOPEでは、新しく地球環境監視委員会をつくったが、そのモニタリングはUNEP（国連環境計画」の地球監視（アース・ウォッチ）システムの一部をなすことになろう。SCOPEのモニタリングの内容には生物的パラメーターが考慮されており、それらは前述のように、日本生態学会が環境庁に対する要望書を送った時にも大きくとりあげたものであった。SCOPEであげている項目としては、

一、消滅しつつある、あるいはその危険に瀕している生態系
二、絶滅に瀕している脊椎動物
三、野鳥の個体数と分布
四、一時的な生物的現象（害虫、害獣の大発生、赤潮、油汚染その他—これらについてはSmithsonian Institution Center for Short-lived Phenomenaで速報を出している）
五、大きな植生単位の世界的な分布
六、土壌微生物、海藻、プランクトンの種の多様性
七、種の個体群特性
八、ある特定の標準植物の病理

九、生物季節

以上の九項目があげられている。これらは今後国連環境事務局が中心となってすすめる行動計画の中におりこまれていくであろう。

IBPとMAB

以上のような流れの中で、すでに八年間の研究をつみあげてきたIBP（国際生物学事業計画）と昨年からはじまった一〇年計画のMAB（人間と生物圏計画）を考えてみたい。とくにMABはストックホルム会議以後の環境問題に対処する研究態勢の上からも極めて重要である。

IBPは、IUCNから提起された問題をICSU（国際学術連合会議）がうけてスタートし、地球上の生物生産力の実態を把握し、自然保護のネットワークをつくりあげ、人間の地球環境に対する適応性を明らかにしようという計画で、その成果は今日の環境問題に対応する基礎を形成するはずである。しかし、今日のように環境問題がやかましく論じられるようになったのは、一九六八年アメリカでいわゆるエコロジー運動がおこった頃からのことで、IBPはすでにそれ以前にスタートして、地道にデータをつみあげてきた。実はIBPがスタートしたばかりの一九六六年、東京で第一一回太平洋学術会議が開かれた時、自然保護の部会でユネスコの天然資源研究部長バティス氏が、ユネスコでは生物圏における天然資源の合理的利用と管理という大きなプロジェクトをすすめてゆきたいのだと熱っぽく語っていたのを思い出す。それが結局、今日のMAB計画に発展したのである。

IBPの自然保護(CT)部門では、世界的にはいわゆるチェックシート調査が主で、自然保護地域についてきまった方法で植生、動物、土壌、地形、気候などを記載した資料をイギリスのBiological Records Centre(モンクスウッド)に集め、国際的な登録と原簿づくりをすることになった。わが国で分担する分のチェックシートはもうほとんどが送付済みであるが、わが国独自で付け加えた項目もあり、これらの資料は近く別に印刷されるはずである。チェックシートの記載方式をきめるための研究集会にでたことがあるが、おぜん立ては英米が中心ですすめられ、ヨーロッパ勢も大いに不満であったし、われわれにもなじみの薄い方式(たとえば植生や土壌の分類)がとられた。しかし、こういう方式については何れかに統一せざるをえないわけで、そういう意味では方法を強制されるので面白味はない。むしろ自然保護の基礎的な方法論や実態調査に興味深い問題がたくさんあるのであるが、国際的にはそうしたつめはほとんど行なわれなかった。わが国の研究グループではこれらに関して若干の研究が行なわれてきたが。

IBPの応用面としてはUM(生物資源の利用と管理)部門がつくられたが、そこで実際に行なわれたのは、植物遺伝子プールと生物的防除という限られた問題であった。

MAB計画のスタートにあたっては、太平洋学術会議の折にバティス氏が予告していた「生物圏資源の合理的利用と管理に対する科学的基礎」という標題の国際会議が一九六八年九月にパリでもたれ、これはユネスコの出版物としてまとめられた。そして現在は、MABの調整理事会の最終報告を土台にして、選定された一三のプロジェクトについての細かい検討がつづけられている。それらはいずれも地球生態系に対する人間活動の影響を明らかにしようとするものであるが、対象は、一、熱帯―亜熱帯森林生態系、二、温帯および地中海型森林景観、三、放牧地（サバンナからツンドラまで）、四、乾燥―半乾燥地帯生態系、五、湖沼、湿原、河川、海岸など、六、山地生態系、七、島の生態系、八、保護地域の世界的ネットワーク、遺伝子の多様性の保存、九、害虫・雑草管理、施肥の影響、一〇、土木工事の影響、一一、都市および工業システムのエネルギー利用、一二、人口学的変化、一三、環境の質、以上の一三である。このうちの六の専門家会議（一九七三年一～二月、ザルツブルク）に私は出席したが、それは要するに前記のユネスコ最終報告を基礎として、プロジェクトの科学的内容などについて各国政府への具体的な勧告を作成することであった。いずれわが国でも、これらのプロジェクトに対応した研究がはじめられるであろうが、人間環境の急速な変動をきたしている今日では、他人事ではすまされぬ緊急な課題がここに含まれているといえよう。

技術史の段階を大きく三つにわけて、一、産業革命、二、技術革新、三、アセスメントの時代とすることが最近いわれている。技術革新の時代には、技術の万能というバラ色の夢をわれわれはもったのであるが、今や技術のもたらすいろいろなマイナス面に気づき、技術の再点検と再調整が叫ばれるようになった。技術の開発は、人間生活のいろいろな面について明るい希望をもたせるものではあるが、そのよい方の可能性を検討するだけでなく、必ず伴うはずのマイナスの影響を、いかにして除くかをあらかじめ詳細に検討して、技術の開発をすすめるべきかどうかを判断するのが、テクノロジー・アセスメントである。つまり技術に対する価値判断を先行させるということで、これが行なわれなかったばかりに、例えば、道路ができてもあとでいろいろな問題が起こる。道路のメリットはもちろん沢山あるし、これなしではわれわれの日常生活は成り立たないのだが、そうかといって山国であるわが国のいたるところにいわゆるスカイラインをつけたり、安上がりの工法で木材搬出のための林道をつけることが、いかに大きな自然破壊をもたらすかなどについては、ここで改めて説くまでもあるまい。しかしそれでは、こうした問題に関するデータが十分積みあげられているかといえば、決してそうはいえない。生態系に対する人間活動の影響を定量的、客観的に測定し、評価する方法論はまだ確立されてはいないし、自然環境保全法が発効しても保護地域の面積的基準や順位づけについては全く目の子でやっているしまつである。

環境問題についての外国の文献は山ほどあるが、わが国の具体的データは極めて限られている。基本的な見通しをたてるとともに、具体的なデータを積み上げることが焦眉の急をなす、われわれの課題であると思う。

第四章　深刻化する環境破壊

一、環境破壊はどこまでいくのか

環境破壊とは、いわゆる公害問題から自然破壊までの広汎な対象を含む。そのいくつかをここにとりあげてみよう。

（一）熱帯林の破壊

最近熱帯林の破壊が話題になっている。わが国は南北に長い弧状列島で、主に温帯域にあって、熱帯林はない。わずかに南西諸島と小笠原諸島が亜熱帯に属するが、その森林は暖温帯の照葉樹林と大きくは異ならない。熱帯林は赤道をはさんだ低緯度地帯に広がり、アマゾン・カリマンタン・パプアニューギニア・ザイールなどの熱帯林についてはよく知られているであろう。これらの熱帯林地域には世界中の高等植物の三分の二の種類が集中しているといわれ、地球上の重要な遺伝子プールなのであるが、それらの多くの種が同定されないうちに、伐られたり焼かれたりしてなくなってしまう。かつてブラジルへ調査にいった時、熱帯林を構成する樹木を同定してもらおうと思って専門家を訪ねたことがあるが、熱帯の木は一〇年に一回くらいしか開花しないものがあって、なかなか同定できないと聞いた。そういう状態の中でますます森林破壊が進んでいるので、同定が済んでいなくても、とりあえず遺伝資源を保存しようというのが遺伝子銀行（ジーンバンク、gene-bank）である。種子や花粉などを乾燥冷凍（マイナス四〇度）して保存しようというのである。もちろん熱帯林のあるところで、大面積にそのまま維持するのが遺伝子保存のためにももっともよいのであるが、やむをえない場合はジーンバンクによるほかあるまい。わが国でも農作物などのジーンバンクには大きいものがある。

（二）わが国の森林破壊

わが国はいわゆる森林気候に属し、人手が加わらなければどこにも森林が成立する条件をもっており、最近の調査（第三回緑の国勢調査）によっても国土の六八パーセントが森林に被われている。隣の中国では森林面積一二パーセントであることを考えると、ずい分森林が豊富であるようにみえるが、わが国は山国で人の住まないところに自然林が残っていたり、しかも全体の三分の一はスギ・ヒノキ・カラマツの人工林であることを考えると、決して安心してよい状態ではない。

一つの例をあげると、わが国最北端の知床半島の森林伐採が問題になったことがあった。ここは国立公園の特別地域に指定されていたのであるが、もともと国有林であり、ここの自然林の中のミズナラやセンノキの巨木を伐って財政収入をあげたかったのである。しかも法的には、特別地域の中でも場所によってきまった割合の伐採が可能なのである。北海道を代表するここの自然林を守ろうとする人たちは、インドの女性が木を抱いて営林署の自然林伐採に抵抗したチプコ運動と同じようなこともしたのであるが、北見営林支局は強行伐採をしてしまった。シマフクロウ・オジロワシ・クマゲラなどの生息が指摘されていたが、短期間の調査では見当たらなかった。一ヘクタールあたり数本伐るのが何が悪いかという論法で伐ったのであった。熱帯林のところでも述べたように現地保存が一番よいのだから、少しぐらい伐ってもよいではないかといって、欲を出さないで、残すところはきちんと手つかずに残すべきなのである。

(三) 草原の破壊

わが国では阿蘇久住国立公園のように、草原景観を目玉にしたところがある。長年の肉牛の放牧、採草、火入れなどでネザサの草原ができあがったのであるが、このような笹草原は世界的にみても極めて珍しく、類似のものはブータンにしか知らない。ところが、これらの草原は環境庁の植生自然度でいうと四〜五にあたり、したがって大して貴重なものではないという意見がある。これはとんだ間違いである。自然度は一種の遷移度であって、自然の価値尺度(保全度)ではない。笹草原のようなものは保全度

植生自然度の区分基準と全国の比率
（環境庁第３回自然環境保全基礎調査結果より、1989）

植生自然度	区分基準	全国比率（%）
10	高山ハイデ、風衝草原、自然草原等、自然植生のうち単層の植物社会を形成する地区	1.10
9	エゾマツ－トドマツ群集、ブナ群集等、自然植生のうち多層の植物社会を形成する地区	18.18
8	ブナ・ミズナラ再生林、シイ・カシ萌芽林等代謝植生であっても、特に自然植生に近い地区	5.44
7	クリ－ミズナラ群落、クヌギ－コナラ群落等、一般には二次林と呼ばれる代謝植生地区	19.13
6	常緑針葉樹、落葉針葉樹、常緑広葉樹等の植林地	24.70
5	ササ群落、ススキ群落等の低い草原	1.56
4	シバ群落等の背丈の低い草原	1.61
3	果樹園、桑園、茶畑、苗圃等の樹園地	1.84
2	畑地、水田等の耕作地、緑の多い住宅地	20.88
1	市街地、造成地等の植生のほとんど残存しない地区	4.03

阿蘇の笹草原は植生自然度の区分でいえば４や５にあたる。ただし、自然度とは植生の価値の度合いを示すものではないので自然度のランクが低いものは、必ずしも価値が低いのではない。

からすれば九～一〇にランクさるべきものである。それをたかが草っぱらではないかといって外国の牧草をまき、肥料をやって乳牛用の草地にしたり、モトクロス・カーレース、果てはゴルフ場に利用するなどはもってのほかである。

（四）サンゴ礁と空港

わが国は南北に長い弧状列島であるが、概ね温帯域に属している。わずかに南西諸島や小笠原諸島が亜熱帯に属し、周りの海にはサンゴ礁がみられる。中でも石垣島の白保には、世界的にも珍しいアオサンゴをはじめとして健全なサンゴ礁がひろがっているが、ここにジェット機用の新空港をつくることの可否で一〇年間ももめてきた。ところが県は、突如として北側にずらす案を発表し、環境庁も間髪を入れずに、「自然保護上全く問題ない」としてこれを支持した。実はこの新しく提案された代替地も、ひとつづきの白保サンゴ礁生態系の中に位置し、エダミドリイシ・ユビエダハマサンゴなどの大群落のほか、藻場がよく発達し、魚の産卵場としても極めて重要なところなのである。ここでは地形的にみて埋立ての工事量が大きく、土砂流出によるひとつづきの白保サンゴ礁生態系に対する影響は避けられないであろう。

ここでは、土地の人たちが長い間サンゴ礁にすむ小魚や貝、海藻をとって生活してきた。最近は「持続的利用」ということがよくいわれるが、それは白保のように海の幸をほどほどに(生産力に見合った程度に)利用しつづけることを意味する。「自然保護(保全)とは自然および自然資源の賢明で合理的な利用のことだ」という説明が広く知れわたっているが、これは「持続的な利用」とほとんど同義であるし、白保では長い間そのような形での人間生活と自然との良好な関係をつづけてきたといえる。

(五) 遺伝資源――種と群落

地球環境の問題について、最近いわれるスローガンの一つは「生物の多様性」ということである。昨年、中南米のコスタリカで開かれた国際自然保護連合(IUCN)の総会でもこの問題が中心課題であり、ここのSSC(種の保存委員会)でも、絶滅に瀕する種や希少種の問題が議論された。

生物の多様性というとき、種・群落・成育地などを含んでいるが、その基本は遺伝資源であるといえる。IUCNでは一九六六年に哺乳動物や植物のレッドデータブック（RDB）を出している。そこでは絶滅種（Ex.）・絶滅危惧種（E）・危急種（V）・希少種（R）の四段階に分けて、危機に瀕した赤信号の種をレッドデータとしてとりあげている。シダ植物と種子植物をあわせると約五三〇〇種の野生種が日本列島に生育しているが、そのうち約一八〇〇種（三四パーセント）は日本固有の植物である。また日本の野生植物のうち一七パーセントにあたるものが絶滅の危機にさらされていることがわかった。このような遺伝資源の危機に際して、前記のようなジーンバンクによる対策も試みられているが、一番よいのは、それらの危機に瀕した種を含んだ植物群落を広域に現地で保存することである。植物群落の中にはそのような貴重種や希少種を含んでいなくても、種の組合わせの上から典型的な群落もあるので、植物群落のレッドデータは広い見地から集めなくてはならない。

(六) 寒冷化と温暖化

地球の歴史をふり返ってみると寒冷化して氷河期になったこともあるし、温暖化した時期もある。オーストラリアの砂丘の移動とか風向が氷河期のそれに似ているというので、地球が小氷河期に向かっているのではないかという説もあるし、地球上の場所によって冬の著しい低温が観測された例もある。

一方、最近は温暖化、とくに人間活動の影響による二酸化炭素濃度の増大、それにもとづく温室効果による温暖化がすすんでいることも指摘されている。つまり、人類出現前の純自然的原因による寒冷化や温暖化に対して、人間活動による変動が大きな問題となってきた。ニュージーランドはわが国と緯度的にほぼ対照的な位置にある南半球の島であるが、ちょうど筑波山くらいの位置の標高三〇〇メートルほどに氷河の末端がきているが、年々末端がとけて氷河は後退している。この氷河は冬の多雪と夏の低温によって維持されてきたのであるが、氷河の後退には雪量の減少や温暖化の影響があることも確かであろう。最近の報道によれば、一九八八年の海面上昇が三〇～四〇センチといわれるが、南極の二〇〇〇メートル以上もある氷がとけ出したら海面の上昇は大きく、臨海都市は水没してしまう。かつての氷河期に、海面が八〇～一二〇メートル下降して九州と屋久島の間を歩いて渡れたであろうといわれているが、それと全く逆のことが起こる可能性がある。

(七) オゾン層の破壊

地球のできはじめのころは高温の塊りであったり、水蒸気・水素ガス・アンモニア・炭化水素などに囲まれ、生物のすめる状態ではなかった。やがて海ができ、とくにその浅瀬で有機物の化学変化が起こってやがて原始的な生物が発生したと考えられている。そのころはまだ酸素もなく(藍藻などの光合成生物があらわれはじめて酸素が発生した)、したがって現在地球を被って紫外線に対するフィルターの役目をしているオゾン層もなかったと考えられる。そこで、そのころ発生した初期の生物は、海中の一〇メートルぐらいの深さのところに生活することで紫外線の害を避けることができたのであろう。その後四～五億年前になってオゾン層が地球をとりかこむようになり、有害な紫外線のフィルターとして機能するようになって、はじめて生物は海から陸上にあがって生活ができるようになったと考えられる。

ところが最近、冷蔵庫・エアコンの冷媒剤・スプレーの噴射剤・半導体の洗浄剤などに広く使われているフロンガスが、成層圏のオゾン層まで上昇してこれを破壊することが大きな問題となってきた。南極の上にも大きなオゾンホールができているというが、その影響で皮膚ガンの増加が憂慮されている。今世紀末までに特定のフロンを全廃することが国際会議で申し合わされた。

世界的な環境問題に対する関心は最近とみに高まり、わが国で行われる政府や学会、民間の会議、シンポジウムも十指に余るほどある。ここでは、わが国に関係の深いいくつかの問題をとりあげたが、ほかにも砂漠化、酸性雨、廃棄物処理、海洋汚染などたくさんの問題がある。問題のそれぞれによって対応策は違うのであるが、グローバルな問題への対処で最も重要なのは地球生態系の観点からみることである。

二、生態学的にみる災害

(一) 生態的災害について

「開発など、自然改造に伴った新しい災害について」ということだが、これはいささか抽象的で、私の手には負えない。私が自分の専門の立場から少しでも寄与できるとすれば、生態学の面からみた、いわばエコロジカル・ディザスター(ecological disaster)であろう。地形・土壌・水・大気・植生・動物などが、なにかの原因(集中豪雨のような自然的原因もあれば、開発のような人為的原因もある)によって悪化することが災害であるといえよう。その原因としては、開発などもっぱら人為的原因に限ることとする。しかも、その原因から始まって、生態的な連鎖反応を起す場合(実は一般に生態的連鎖反応を起すものであって、起さないほうがむしろ珍しい)、いわゆる生態的災害をもたらすのである。

一つ実例をあげてみよう。それには多くの方がご承知のような、アスワン・ハイダムの効果を考えてみるとよいであろう。すなわち、古くからその流れによって周辺の沃野をうるおしてきたナイル川の水は、このダムによって広大なナセル湖にためられ、その豊かな栄養は湖底に沈積してしまい、栄養を失った水が下流へ送られる。そのため、河口付近ではプランクトンの発生量がへり、漁獲も目にみえて減ってきた。この人工的に制御された水は、潅漑水路をとおして、からからに乾いた農耕地に運ばれるが、その途中で水は暖まりミヤイリガイの発生を促し、それらが中間宿主である住血吸虫の蔓延をもたらした。さらにこの潅漑水が乾ききった砂漠の土に与えられると、浸透した水とともに塩類を毛管水で上にもちあげ、一面に塩類の固結した土をつくって農耕を不可能にしてしまう。このような連鎖反応はエコシステム（生態系）の構造や機能を如実に示すものであるが、ダムという一種の開発行為によってもたらされたこのような因果関係の生態的連鎖にもとづく災害が、生態的災害といってよいであろう。

大気汚染の結果、南極の氷にも鉛が含まれていたというような話は、今日汚染というものが地球規模で起り、意外なところに波及効果が起ることを示すものであるが、これはまだ災害を起してはいないが、災害を引き起こす可能性（例えば、その氷が溶けて海に入り、プランクトンから魚をとおして人間の身体に入る可能性がなくはない）はもっているのである。そのような潜在的な災害というべきものも、生態的災害の考察にあたっては考慮する必要があろう。

（二）身近な例から

千葉県で木更津の方から高宕山を経て鴨川に抜ける、房総スカイラインが計画されたことがある。高宕山には国の天然記念物としてニホンザルの生息地が指定されている。そのどまんなかに予定路線を引くというのも無神経な話だが、こういうありえないようなことが現実に起るのだ。すでにその前に、文化庁の植生図・重要天然記念物所在図は印刷になっていたのだが、そういうものを無視して予定路線を引くところは、まことに天真爛漫というか、開いた口がふさがらない。最近はそういうことが少なくなったが、数年前まではよくあったことである。いわば、白地図の上にスパッと線を引くようなもので、実態が配慮された形跡すら感じられない無謀な計画といわざるをえないのである。

この路線に対してはもちろんクレームがついたが、房総スカイライン問題審議会をつくって審議をする過程で、いろいろなことがわかってきた。建設側では道路網のマスタープランをもち出して計画の妥当性を主張するのだが、それは地域の保護と利用を考えた上でのマスタープランではなかった。本来のマスタープランは地域のエコシステムの実態を十分つかんだ上でつくられなければならない。房総のこの予定路線ぞいの場所は第三紀層の急傾面であり、土砂崩壊を極めて起しやすいところである。このことは、日本書記以来の過去の記録にてらしても明らかであって、工学万能的な発想では極めて危険なのである。にもかかわらず、彼らは今日の道路建設技術は進んでいるので心配ないという。

これも同様だが、大台ヶ原や石槌スカイラインで、すでに世間の指弾をあびている乱暴な道路のつくり方が行われた。〝谷へ土砂を投下してしまうやり方について〟決してそういうことはしない、土砂は計画的に運び出す〟といったにもかかわらず、結果的にはそうならなかった。富士スバルラインでも、原生林を道路によって伐開したために起る乾操、風道の変更などのほかに、土砂を傾面下部に押し流していることが、シラベなどの枯損の大きな原因になっていることが、最近の研究で明らかになった。

道路はもちろん舗装するわけだし、法面もコンクリートの吹きつけなどして、水収支が前とは全く変わるわけだが、その影響を聞いても格別な心配はないという。しかし、因果関係の連鎖(エコロジカル・

シークエンス）が十分に解明されているわけではない。降った雨がどのように流れて、地表被覆のためにどこではどれだけ地下に浸透する水が減り、どこではどのくらい地表の流去水が集まり、地面蒸発がどう変わるかといったことを明らかにするだけではエコロジカルではない。こうした水収支の変化に伴って、周辺の森林や草原、これを構成する個々の種類、ひいては鳥や昆虫、土壌微生物にどういう影響がでるかということ、例えばコナラ・アオキなどの実のでき方が変り、これらに依存するサル・鳥、リス・昆虫などがどういう変化を示すかなどが一連の変化として明らかにされないと、エコロジカルではない。

道路がサルの群れの生息地（テリトリー）を分断しただけでも、計り知れない影響が起るのに、上述のようなエコロジカル・シークエンスをとおしてサルの食べ物が足りなくなるようなことになれば、彼らも背に腹は変えられずに人家周辺の畑作物などを襲うことになろう。こうなればまさに猿害という災害である。

また、このようなハイウェーが都会の人々を目的地まで一気に運ぶことになり、途中は通過するだけとなり、ターミナルには歓楽街ができて社会的荒廃を招くとすれば、これまた一種の災害である。開発に伴う災害としては、実はこのようなところまで視野を広げるべきなのである。単に物理的災害にはとどまらない。

ここで少しく触れた猿害の問題は、わが国のあちこちで起っているのであるが、上述の道路との関連というより、むしろ観光開発との関係が大きい。戦後、ニホンザルの研究者は、研究の便宜上から餌づけを始めたが、これは観光目的にもあったので、大分の高崎山でよく知られるような形態をとり、二〇年間に群れの個体数が五倍にも膨れあがるという有様である。その他の観光地の場合も事情は類似しており、観光的には一時成功したように見えた。しかし、人の与えるエサで食性は変わり、野生動物としてのサルと人との距離が縮まる結果、彼らの行動域と人間の生活圏が重複し、形としては人間被害の形の一種の生態的災害をもたらす。しかも、餌づけという人為的手段によって群れの個体数がふえた以上、人為的に数のコントロールを計らねばならないのは当然と思われるが、一部の研究者の間では、野生動物はその数のコントロールを人為的にすべきではないという。そもそも、彼らの生活域に人間が入りこんでいったのが間違いのもとであって、彼らの生活権を認める以上、人間の方が後退すべきだというのである。しかし、もともと人が餌づけをする前には薪炭林という、人間の生活圏の中に彼らはうまく入りこんで、薪炭林を構成する二次林の樹種の若葉や実を利用し、群れの個体数は横ばい状態でサル・カニ合戦の昔から続いてきたのであった。それを、今日の猿害という生態的災害とした一つの大きなきっかけは、観光開発であった。

最近の開発で注目すべきものの一つはいわゆるニュータウンであるが、一挙に一〇万とか二〇万という人口を収容できるスペースをつくり上げる。そのためには、ふつう植生・土壌・地下水その他の事前調査を行い、現存植生図、潜在自然植生図、土壌図、土地利用図などが調製されることが多い。ところが、そういうものをつくっても、ちゃんと事前調査はやりましたという一種の免罪符にするだけであって、実際にそういう調査資料をうまく利用した例がない。多摩ニュータウンもその一例であって、そういう立派な調査をしておきながら、ブルドーザーで惜しげもなく表土をはがし、整地してアパート群を建てる。そこに住みついた人たちが、さあ緑を楽しもうと思っても、露出した下層土では植物も育たない。そこで高い金を払って黒土を買ってきて、客土をしようということになるのである。客土をすれば一応は緑は育つのであるが、そもそも表土を削って作業をしやすくし、必要があれば土をのせればよいといった考え方は、全く工学万能思想であって、土の中には生きた種子・微生物・小動物などが生息していることなど眼中にない、いわば単なる「もの」として扱う思想である。このような、自然観に対する基本的な誤り、自然をみくびった見方が、生態的災害につながるのである。

舗装化が進めば、降った水は素早く川に注がれ、集水域の河川の降雨が始まってからピーク流量に達するまでの時間も急速に早くなる。一方、下水もどんどん川に入ってくる。一応処理はしても、それは有機物に対するものであって、多量のチッソやリンはそのまま河川水の中に注ぎこまれ、この水が海に注ぐとたちまち赤潮が発生し、魚貝類が大量に死ぬということが起る。もとはといえば、都市化という新しい開発が原因なのである。

都市近郊にはさらに多くのゴルフ場がつくられているが、東京上空をヘリコプターで見て痛感するのは、宅造とゴルフ場が膨大な面積を占め、これらが自然破壊の最たるものであることである。宅造のことはニュータウンの例で示したが、ゴルフ場については、数年前までは緑化だからむしろいいんだという空気さえあって、ずいぶん数多くつくられた。しかし、そのつくり方はまったく乱暴である。広大な面積の自然を破壊したあとで外国産牧草で緑化をするという手法が一般的で、自然に対処する考え方は前記のニュータウンと全く同じである。しかも、その人工自然は誰でもが享受できるものではなく、一部特権階級の独占であるという点である。狭い国土で休日にはどこへ行ったらよいか、うろうろしている庶民の中で、少数者が自然を独占することは一つの悪である。これが、しかも災害につながるということにでもなれば浮かぶ瀬はない。直接災害につながらなくても、大きな自然破壊であることは間違いないし、災害のポテンシャルは持っているといってよいであろう。

河川敷のゴルフ場も最近多くなっているようであるが、本来ヨシ原になるようなところをゴルフ場化する場合は、多少意味が異なるかも知れない。大分前のことであるが、建設省では洪水防止のための河川敷のヨシの防除を計画したことがあった。ヨシなどの植物の被覆がどうなっているかといったことは、河川の流量の計算には入っていないが、これが意外と大きな力を発揮し、上流からの土砂の堆積の誘因となり、計算通りの流量がでない結果氾濫を起すことがしばしばあった。わが国土に降る年間六〇〇〇億トンの降雨量のうち、二〇〇〇億トンは洪水で流出して利用されないというが、河川敷の形態は一つの原因になっているようである。ある河川管理事務の所長は、戦時中に婦人会の奉仕で河川敷のヨシ刈りをして頃は、洪水防止に好成績をあげたという。この点だけを考えれば、より丈の低い植生に変えることは意味がある。しかし、それをどうしてやるか、どうしてヨシを枯らすかという段になって考えられたのは、除草剤の使用であった。また、その後に外来牧草を育てようとすれば、当然肥料をたくさんやる。これらの除草剤や肥料の河川への流出を考えると、以上の名案もやはり駄目だということになる。このような水の質に与える影響は、一般のゴルフ場の場合でも同様である。直接災害につながらないようにみえても、生態的な連鎖を経て河川水を水道水・潅漑水などに利用するところに、明らかに災害的要素をもたらすのである。しかも、ヨシ帯というところは地下水位の変動が激しく、自然がヨシ帯にしたいところを、それに抗して人工的なゴルフ場の草地という植生形態を維持するには、莫大な経費と労力を要する。やはり、自然を利用するのには自然の力に抗するのでなく、これをうまく利用するようにするのが賢明であるといえよう。

(三) 自然に抗して災害を起した例

地震とか落雷・津波など純然たる自然の災害もあるが、自然の災害でも雪崩のようなものになると、雪崩そのものは自然現象であるが、雪崩の起る場所に山小屋を建てたり、銃砲の発射で雪崩のきっかけをつくったりすれば、それによって起る災害は、人為的な要因をふくむことになる。

ところが、自然に抗して災害を起すといった場合は、全く人為的災害というべきで、生態的災害は大部分これに属するであろう。前に山陰地方の石見太田にある中国農業試験場畜産部を見せてもらったことがある。ここでは場内に侵食地形があって従来も草地として利用していたようであるが、ここをより効率的な人工草地にしようとしてブルドーザーをかけて平たんな地形にした。そのあとで予想もしないことであったが、一部全然牧草のできないところがあって調べてみると、pH三くらいの下層土が露出していたのだそうである。これはまだよいとしても、その後台風時期の集中豪雨によって、人工的に造成した地形はもとに戻ってしまい、侵食谷の部分にいれた土は流出して、場外の水田を埋めてしまい大きな災害となった。これなどは、ニュータウン造成と同じ方式を傾斜地の草地造成にも拡大した例で、起るべくして起った災害といってよい。このような例を教訓としてか、その後の草地造成では、いわゆる山なり造成という自然の地形に逆らわない方式を取り入れているが、これは当然のことであろう。

自然の草地は生産性が低いからといって、やはりブルドーザーで耕起して外来牧草をまくやり方が、政府の補助金によって行われてきたが、これもあちこちでとり返しのつかないことをしている。例えば北海道渡島大野などでは、徳川時代から続いたシバの放牧地があったのだが、これを草地開発の補助金をもらってブルドーザーで耕起し牧草地にしようとした。ところがここは粗粒火山灰地帯で、そこに何千年という時間をかけて自然のつくりあげた薄い表土をブルドーザーでかき落してしまった。そのあとに牧草の種子をまき、肥料をやっても、軽石の層ではザルみたいなもので、いい草地ができるわけはない。ある試験場の土壌学者は、軽石を砕いてよい土にする研究をして、成功しなかったそうであるが、大体自然の営力を甘くみすぎている。こうした自然観では災害を起すのは当然である。もっとも草がとれなくても普通は災害とはよばないであろうが、災害のポテンシャルは十分に持っていることに注意したい。

和歌山県南部の大塔山系の国有林は、単に温暖だけでなく、年間四〇〇〇ミリにも達する豊富な雨量に支えられて、日本で他に類例をみないすばらしい暖温帯性多雨林を構成している。この林を残したいという自然保護団体の要望に対して、大阪営林局はすげない返事をしている。今まで伐採したところも、これだけ立派な林が成立しているのだから、あと造林すればきっとよい林ができるだろうと予測したのであるが、そうは問屋がおろさない。土壌も非常によいように見えてもこれは見かけ倒しで、下は岩盤で土壌層が浅く、伐採後の雨で折角の表土は流れ、造林は思うように成果をあげることができず、下流域の部落では鉄砲水による被害をすでにうけている。これなども見通しの甘さからくる人為的災害というべきである。

このようにして例をあげていくと全くきりがないのであるが、あそこにもここにも自ら招いた災害がごろごろしており、いわゆる災害にはいたらないけれども災害を発生しうる高いポテンシャルを持つところが、これまたきりがないほどあるのである。これらに関しては生態的災害のカテゴリーに入るものが極めて多いので、基本的には先に述べたようなエコシステム的観点からも一度実態を見直す必要があるであろう。

第五章　自然の持続的利用

一、生態系の多様性と持続性

(一) 生態系と環境

環境問題あるいは自然保護の問題で最近特に重要な概念としていわれている二つを取り上げ、「多様性と持続性」という、個々についてそれぞれ説明していきたい。

まず第一に、生態系という言葉もあまり親しみのない言葉かもしれない。最近は環境という言葉がよく用いられるようになり、環境庁あたりでも、公害研究所が環境研究所に改名し、地球環境部というのが役所にも企業にもできるという状況である。地球環境というのは一九三五年、イギリスの生態学界の大御所であったタンスレーという人が、エコロジカル・システムを生態的な系という意味で、エコシステムという言葉をつくったのが始まりであった。動物や植物、無機的な環境である大気、水、土壌、光、そういうものを含めたものをエコシステムと呼ぶのである。

最近の教科書では、生態系の説明として一つは、自然界の中で唯一葉緑素によって有機物を生産できる緑色植物をプロデューサー（生産者）。もう一つは、それに依存しているわれわれ人間や動物のような、自らは体の構造からいって有機物をつくり出すことのできないコンシューマー（消費者）。それから、死体などを分解する微生物などのディコンポーザー（分解者）。この三つが生態系の一番重要なコンポーネントであり、それに先ほどの無機的な要因をあわせたものがエコシステムだというのである。

しかし、実際は非常に大事なことが抜けている。それは人間である。生物の教科書では、人間も動物の一種として扱われているが、生態系の説明の中で人間のことはほとんど出てこない。実際、人間というのは、体の構造としてはプロデューサーにはなり得ない。しかし、人間の知識と技術によってプロデューサーでもあるし、コンシューマーでもあるし、ディコンポーザーでもあり得るわけである。そういう非常に大きな役割をする人間について、今までの生物の教科書の説明ではほとんど触れていない。動物（コンシューマー）の一部分として扱うだけで、人間の役割は矮小化されていたと思われる。

地球上の生態系を良好な状態に保とうというのが、最近の環境に関するいろいろな動きの大きな流れになっている。つまり、生態系の保全という考え方である。

環境保全に関係し、そのような考え方の流れをごく簡単に展望すると、自然誌（ナチュラルヒストリー）の流れというのがギリシャ時代以来ずっとあった。一九世紀初めに活動したアレキサンダー・フォン・フンボルトは、ナチュラルヒストリーの流れの頂点に位置するような人であるが、彼が初めて今日使われている天然記念物という概念を提案している。その後一五〇年くらいたち、専門の学者ではないが、『森の生活』(『ウォールデン』)という本を書いたソローが、今日使われているネイチャー・コンサベーション(Nature Conservation)、自然保護という言葉を初めて使っている。生態学のほうで、植物群落が移り変わっていくことをサクセッション(succession)というが、これについてもソローが自然観察を土台にして説いている。

わが国の動きを見ると、明治の終わりに天然記念物に関する請願というのが当時の貴族院で建議案という形で提出され、最初は天然記念物(その後、法律では文化財保護法の中に含まれるものであるが)、それから自然公園法、自然環境保全法というような法律ができ、わが国の自然保護の体制ができてきた。ちょうどフンボルト以来の流れを反復したような形になっている。

戦後の動きを見ると、コンサベーションに関する国際的な大きな団体が一九四七年にでき、これは最初はIUPN(International Union for Protection of Nature)といっていた。政府機関も会員になっているが、いわゆるNGOとしてできたわけである。それから一〇年たたないうちに名称を変更した。そういう国際的な大きな団体の名称を一〇年もたたないうちに変えるというのは、よほど必然性がなければいけないわけで、IUCN(プロテクションをコンサベーション)に直したのである。

そこでいわれているコンサベーションという考え方は、保護には天然記念物的にさわってはいけない、入ってはいけないという面も必要ではあるが、それだけではなく、われわれは自然や自然資源を利用して生活しているのだから、それを壊さないように、上手に合理的に使っていこう、Wise Rational Use of

Nature and Natural Resourcesといっている。名称変更のときにコンサベーションに変えたわけは、プロテクションなど、利用の考え方が入ってこない。自然資源の利用ということを入れないと人間の生活が成り立たないからということで、ＩＵＣＮに変えたわけである。これが一九五六年でそれ以来、そのような考え方が一般に浸透して今日に至っている。

環境という言葉を調べてみると、これはもちろん日本語ではなく中国語にあるわけだが、意味がいまの環境とは違う。中国で使っていた環境という言葉は外側の境界という意味で、実際の文例がいろいろ出ている。今は、生物とそのまわりの条件という意味で環境というが、日本で明治の中期にそういう定義づけをしたのである。日本の言葉が中国に逆輸入されるときは中国の使い方ではなく、日本の使い方で入っていくという例がたくさんある。生態学という言葉も日本で明治中期に造られ、それが中国に逆輸入され、中国でもそのとおりの字を使っている。環境庁にあたるような役所が中国でもできているが、その環境は従来の中国語での環境の使い方と違い、われわれが日本語で使っている環境という意味で使っているところが大変おもしろいと思う。

(二)　多様性について

多様性の問題は、従来は分類学などで何種類かの種があって、それがどのように分布しているかということを議論するときに、ダイバーシティ（diversity）という言葉が使われていたが、今日の使い方では、そういう種のダイバーシティだけではなくて、遺伝子、種、生物群集から、いろいろなレベルの多様性を問題にするようになっている。地球上全体を考えると、生物の生息場所に応じた、生態系のダイバーシティを考える必要がある。種については赤信号の種としてどういうものがあるかを調べたレッドデータブックがあちこちで出されている。わが国でも、戦後絶滅したと考えられる種が何パーセントぐらいあるかということが最近の調査でわかった。植物に関する調査によると、絶滅危惧種（endangered species）、もう少し量は多いけれども、それに近くなっているという危急種（vulnerable species）、数の少ない希少種（rare species）、そういう危機に瀕している種類が、植物でどのくらいあるかというと、日本では高等植物が五三〇〇と考えられているが、そのうち八九五種、約一七パーセントあることがわかった。

その原因を調べてみると、半分は開発によるものである。つまり、今まで森林があったけれども、そこが開発されてしまった、草原があったけれども、そこが開発されてしまったということで、そういうところに特有な植物がなくなってきた。残り半分は、山草業者その他、業者による乱獲が原因であることがわかっている。日本の国際生物学賞をもらった、ミズーリの植物園長のピーター・レイブンという学者は、二〇〇〇年までに一五パーセントから二〇パーセントの高等植物がなくなるだろう、それを日割りにすると、一日一種ずつ消えていくという勘定になるといっている。

そういうことから、各国で―わが国でも―レッド・データバンクをつくり、動物や植物の現状を把握して対策を早急に立てていこうと、生物の多様性保護ということが盛んに検討されている。

熱帯林は、もちろん利用するところはあっていいのだが、種の構成その他からみて、典型的なところはなるべく広い範囲を残しておかないと、遺伝的にみてもそういう資源がなくなってしまうわけである。そこで遺伝子プールとしても、アマゾンについてはこういうところ、ニューギニアについてこういうところは、絶対に手をつけないでおきたいということを先進国側は提案している。しかし、開発途上国の人たちはそれに対しておおむね反対で、経済開発を犠牲にしたくないと考えている。外務省の人によると、生物多様性保護も結局のところ南北問題になっているのだということである。最終的には通るだろうが、今盛んにその議論が行われているところである。

自然保護を議論するときに、そっくりそのままいじらないでとっておくin situ conservationというのを大面積でできれば非常にいいわけであるが、それに対して、自然保護に必ずしも賛成しない人は、種とか花粉をジーンバンクの中にとっておいて、必要なときにそれを使うようにすればいいのではないかと主張している。実際に熱帯林へ行って（私もブラジルの熱帯林の調査を昔やったことがあるが）、その種類について同定してもらおうと専門家のところへ行くと、この植物は一〇年に一回ぐらいしか花が咲かないので、印をつけて一〇年たって行ってみると、それはもう切られて無かったりということで、結局、種が不明ということが多いといっていた。そういうことを考えると、不明なことがまだ多くあるのであるから、熱帯林のような広大な地域をとっておくということは非常に大事なことであろう。

広大な地域をとっておくと、どのくらいよいかということについては、あまりたくさん例はないが、その一つの例をあげてみよう。これは結果的なものであって、それを目的にやったのではないのだが、ブラジルの森林を一〇〇平方キロメートル台、一〇平方キロメートル台、一平方キロメートル台と、面積的に違う残し方をしたところで、特に鳥の学者が、大きい森林地域と小さい地域の中で一九世紀を通してどのくらい絶滅していったかという、絶滅率(extinction rate)を出している。それによると一〇〇平方キロメートル以上あれば、一世紀の間に一〇パーセントぐらい絶滅する程度であるが、一〇平方キロメートルになると、その二倍、二〇パーセント程度の絶滅率になるし、一平方キロメートルぐらい残したのでは森にすんでいた鳥が五〇パーセントぐらい絶滅している。こういう極めてショッキングなデータが、ミシガン大学のスーレという人が書いた本の中に載っている。

このように考えていくと、動物、植物を含めて、遺伝子資源として長期間にわたって維持するためには、湿地もあれば、丘もあれば、川もあれば、できれば海辺も近くにあるという、いろいろタイプの違う生態系を含んだ広大な面積がそのまま残されれば、非常にいいと思うのである。今後、なかなかそういうことができにくくなっていくと思うが、生物の多様性保全条約が通れば、かなり手が打たれるかと思われる。

多様性というのは、雨量が多くて温度が高いという湿潤熱帯が一番高い。その反対側の乾燥地である砂漠や寒いところであるツンドラでは多様性が非常に小さくなるわけである。木の種類を調べた例があるが、湿潤熱帯だとヘクタール当たり五〇ないし一〇〇種類の木があり、温帯の北部へ行くと、ヘクタール当たり一〇種類ぐらいに減り、砂漠とかツンドラではもちろん大型の木はない。

以前、東京大学の分類学の早田文蔵教授が、昭和の初めごろ、「香港とかシンガポールに行って自然の熱帯林を調べたところが一歩進むごとに種類が違う。したがって、ダーウィンがいうような生存競争があるのではなくて、そこでは互いに助け合って生きているんだ」という文章を書いて四面楚歌だといっていたが、一歩進むごとに違う種類があるという感想は事実に近い。

種類の数からいえば、湿潤熱帯が非常に大事ではあるけれども、北のほうのツンドラや砂漠にある種類は湿潤熱帯にない種類であるから、種類数は少なくても非常に重要な意味をもっているわけであり、結局、各気候帯に応じて、そういう場所が保護されなければいけないということになると思う。最近、WWFで出した「The Wild Super Market, The Importance of Biological Diversity to Food Security」というのは、いかに多様性が大事かということを、一般の人にわかりやすいように、野生のスーパーマケットだと表現している。つまり、そこへ行くと、食物として使えるもの、医薬品その他いろいろ役に立つものがあるということをいっているわけであるが、役に立つどころか、種類さえわからないものがまだたくさんあり、とりあえずは、こういうところを各気候帯あるいは各緯度に応じて大面積でとっておくということを一方でやりながら、いろいろな方法を講じていく必要があると思われる。

わが国のことでいえば、多様性の問題についても細かいことがいろいろあるが、環境庁で行った調査によると、日本の一番発達した極相林というのは日本全体では一八パーセント、二次林という、雑木林のように切ってから再生したという林が二五パーセント、もう少しあってもいいと思う草原は三パーセント、人工林が二五パーセントである。これは、拡大造林ということで、日本ではカラマツ、スギ、ヒノキという経済性の高い造林木に変えてきた。森林でも草原でも、このように単純化すると多様性が減ってくる。極めて限られた種類しかそこには存在しないようになって、病害虫にやられやすかったり、マツのようにザイセンチュウにやられるなど、枯れていく例がたくさんある。その一番大きな支えは、やはり多様性であろう。

日本の状況をみると、河川にしても自然河川というのは少なく、長良川が問題になっているように、本流にダムのない川というのはほとんどなく、あとは人工河川化している。小さい川でも全面コンクリートで囲んで直線化するなど、河川が非常に大きな問題になっている。海岸の場合も、自然海岸というのが非常に少なくなり、干潟も遠浅の海岸もなくなってしまっている。それらを考慮に入れると、今行なわれている様々な具体的な自然改造的な方策というのは、多様性を維持するためには非常に問題があることがわかる。持続性とか多様性が、環境保全や自然保護上非常に大事なわけである。

もう一つ別な問題にふれておきたい。バイオ・エシックスということがこのごろいわれている。バイオ・エシックスというのは、特に医学の方は生命倫理と訳して、生命倫理学会というのもできているが、生態学的にいうと、同じバイオ・エシックスでも生物倫理といいたいところである。それはどういうことかというと、人間と他の動植物、微生物、無機的な環境など全体としてエコシステムをつくって共存しているわけであるから、そういう中で他の動物や植物も共存できるようにしていくのである。クジラだけに限らず、あらゆる動植物についてそういうことがいえるわけで、脳死や臓器移植でいわれる生命論とは次元の違う話だと思う。そこで私は、同じバイオ・エシックスでも生物倫理といいたいのである。エコロジカル・エシックス（生態倫理）とか、エンバイロンメンタル・エシックス（環境倫理）とか、アメリカでは、クジラなどの例にあたるワイルドライフ・エシックス（野生動物倫理）とか、農薬を多量に使うと、土の中のマイクロ・フローラが変わってしまうことなどに対して倫理的な規範を適用していこうという、ランド・エシックスとかアース・エシックスともいわれているものを含む。

最近、私はブータンに行き植物の調査をしたが、私が植物の標本をとろうとすると、チャーターした車のドライバーがおりてきて「とってはいけない」という。私は正式に許可証をもらって、研究のために採集していて、きれいな花の咲くシャクナゲとかランとか、そういうものを集めているのではないのだといっても、なかなか納得してくれない。それでいろいろ議論していたら、「王様は、すべての動植物には生命がある、そういうものをやたらにとってはいけないといっている」というのである。その背景には、どうもチベット仏教―ラマ教の考え方があるように思える。このドライバーにはその後もだいぶてこずったものである。

それから、あるとき山を少し案内してもらうために青年をツーリストビューローに頼んだ。そして、その青年と話をしながら山を歩いていくと川にはいろいろな魚がいて、釣りをしたいのだけれども釣りは禁止されているが、こっそり釣ってやろうと思って、釣り竿のようなものをつくって縁の下にしまっておいたところ母親に見つかり、生き物を殺す道具をつくってはいけないと怒られてしまったといって、非常に嘆いていた。日本ではちょっと考えられないが、ブータンではそういうことが一般社会に非常に浸透している。生物倫理的な考え方が強いからだと思うのだが、一方野良犬が多いという問題があるなど、いろいろ考えさせられたことがあった。

持続性と多様性というのは、今度の地球サミットでも取り上げられる、環境保全に対する基本的な二つの柱である。生物倫理とか環境倫理は、クジラの問題その他で、そのような言葉は使わなくても、おそらく議論の中に出てくると思われる。このようなことを通して、われわれとしては、地球環境を今後維持していくにはどうしたらいいか、小さくはわが国のこと、広くは地球全体のことを考えていかなければいけないと思っている。

（第二回生存科学シンポジウム、一九九二年一月一八日より）

二、自然と人間との共生・共存

（一）共生と共存

共生（symbiosis）と共存（co-existence）は、生物学的にははっきりした定義がある。教科書によく例示されているように、マメ科植物と根粒バクテリアの関係、地衣類におけるコケ類と菌類の関係などが共生の例である。これに対比されるのは寄生であって、カイチュウ、サナダムシなどいわゆる寄生虫と人体の関係の例は多くの人が知っているとおりである。

共存という場合にもプラス、マイナス、中立的などの関係はあるが、ずっとルーズである。たとえばアカマツとヤマツツジはプラスの共存（植物社会学でいう標徴種）のような関係もあれば、アカマツ林の中の日かげの中でだんだん元気をなくしてくる日なた植物のススキとの関係（マイナスの共存）もあれば、ススキやシバの放牧地の中に点々とあるレンゲツツジのようにかなり中立的な関係などさまざまである。上のススキをめぐる種間関係のような場合は、共生ではなくて共存というべきであろう。

しかし最近は、上記の共生と共存をふくめて共生ということが多いく、特にアメリカの研究者の一部では kyosei という英語をつくって広義に使用している。

(二) 人口と食糧

自然と人間との共生・共存の大きなネガティブな側面は人口と食糧であるといえよう。エリックの書いた「人口爆発」は、地球上の最大の環境問題である人口増大への警告である。二〇一〇年には地球上の人口は一〇〇億を越すと考えられているが、地球の支持人口の限度が三〇〇億か五〇〇億か、いずれにしても有限であり、月その他の自然あるいは人工の天体に逃げだす以外には道がないであろう。エリックは人間環境会議の折のストックホルム市内の会場で『Population Zero Growth』を叫んだが、きいていたアフリカの人々から、〝ヤンキー・ゴーホーム、ZGPをやりたければアメリカでやれ、ひとの国のことに口を出すな〟と口々にいっていた。

私が人口問題を明確に意識したのは、ネパールヒマラヤの登山と学術調査で(私は千葉大学のヒマラヤ学術調査登山隊長として参加)、ネパール、ブータンなどの山岳地域に一〇回近くでかけた。一九六三年ネパール調査の折の人口は八〇〇万であったが、現在は一八〇〇万、子供が一人生まれればその分畑を広げ、森林をつぶさねばならぬ。燃料も足りないので毎日マキとりにいかねばならないが、年々その場所は遠くなり、朝出て夕方に帰ってくる仕末である。最近になると私どもの登山道の周辺はずっと畑で、テントをはる場所もない有様である。こうして森林がつぶれ、斜面の土壌侵食が進むと、下流にあるバングラデッシュなどでは大洪水をもたらすことになる。

アメリカの女性ジャーナリスト、レーチェル・カーソンが書いた有名な本「沈黙の春」(または生と死の妙薬＝Silent Spring）があるが、これは、有機塩素系、有機リン酸系（マラソン、パラチオン）などの殺虫剤の多用が人体に及ぼす影響に警告を発したものであった。その頃、わが国の新聞でもさかんにＤＤＴやＢＨＣの害がいわれていたが、とくに注意を引いたのは、それら農薬をまいたり浴びたりする可能性の多い農村の女性よりも、都会の女性の方に、いわゆる母乳汚染が著しいとのことであった。牛乳、バター、チーズなどの摂取量が都会の方が多いからであった。

フィリピンの国際イネ研究所（ＩＲＲＩ）ではイネの品種改良をすすめてきたが、遺伝的に多収の丈の低いイネの新品種（たとえばＲＩ八号）ができても、ただそれをうえて収量が上がるわけではなく、肥料、農薬、水潅漑の施設、これらを動かすためのガソリンなど条件がそろってはじめて多収になる。生産第一主義よりは、シューマッハーがいったように適正技術とか中間技術という考え方の方がよい。タイには「うきイネ」という自生の品種があるが、雨期に水深がふかくなると、次第に伸長して溺れない。これはまさに適正技術（appropriate technology）である。

レーチェル・カーソンの本（一九六二）が評判のころ、シアトルのワシントン大学で国際植物学会議があり、世界の食糧問題をメイン・テーマにしていた。ところが集まった学生たちは、食糧問題も大事だがまずは人口制限をしないことには、地球上の人間生活は大変なことになると叫んでいたことを思い出す。

(三) 持続的開発

この言葉は日本語として十分定着してはいないが、東京で最終回を迎えて、いわゆるブルントラント報告を出した世界環境特別委員会以来、広くマスコミにも登場するようになった。実は一〇年前、ハワイのイーストウエストセンターで行われた「持続収量林業」のワークショップで、私はこの考え方に非常に感銘をうけたのであった。林業といえば木林生産とふつうは考えるのであるが、そこでいう収量というのは、その他に森林にすむ野生動物も、レクリエーションにきた人達をうけいれる収容力も、水源涵養能力も、土砂崩壊防止機能もいずれも森林の収量と考え、それらの収量が一定の水準をわらないように森林を上手に利用するのが持続収量林業(サステインド・イールド・フォレストリー)なのである。実は、それより前の一九七二年の人間環境会議(ストックホルム)で商業捕鯨問題が論議された時、鯨を水産資源とみなした日本政府はMSY(最大持続収量)、すなわち、元金に手をつけずに利子の分だけ収獲するということで個体群の維持を図るという考え方を基本として対応した。しかしこの問題は、その後の経過でよく知られているように、生物倫理(バイオエシックス)的な考え方その他によって日本側の論理は否決され、商業捕鯨は継続ができなくなった。いずれにしても持続収量という考え方は戦後の産業に対する基本的な概念であったといえよう。

一方、経済学者シューマッハーの「スモール・イズ・ビューティフル」(小さいことはいいことだ)という考え方が、適正技術(アプロプリエート・テクノロジー)のような言葉とともに浸透するようになり、最近では農林水産省でも生産第一主義ではなく、環境保全に配慮した農業をというようになってきている。一九八〇年にIUCN、UNEP、WWFが作成して各国に送った『世界保全戦略』でも、その中心の考え方は持続的開発ないしエコデベロップメントであった。

(四) 生物圏保護区 (バイオスフィア・リザーブ)

一九七二年に国連の人間環境会議があった時に、ユネスコでは生物圏保護区のネットワークづくりと、世界自然・文化遺産条約を提案した。わが国にも自然環境保全法にもとづく原生自然環境保全地域のようなものがあるが、この場合は、保護区から一歩外に出れば全く規制がない。しかし生物圏保護区の場合は、世界各地の最も特色のある自然を一切手をつけない形でコアエリアとして守り、その外側にほぼ同様の状態ながらコアのクッションとなるようなバッファーゾーンをおき、ここには基礎的な研究や教育、環境条件の変動を観測するモニタリング・ステーションなどをおく。さらにその外側に人工の加わったカルチュラルゾーンをおき、この三つの地域を一つのセットにして保護区を指定し、世界的にそれらのネットワークをつくろうという。わが国ではこの保護区として、白山、屋久島、志賀高原、大峯大台高原を指定してもらっているが、この四カ所で日本の特色ある自然が代表できるとは思えない。早急に対応がのぞまれる。

わが国では別に自然公園法があり、国立・国定公園などが指定されている。ここには手をつけないで守る特別保護地区のほか、これを囲む第一種、第二種、第三種特別地域と普通地域がある。これはいかにもコアエリアとバッファーゾーンの関係に似ているが、これは実は似て非なるものである。自然公園の場合は景観の美しさが中心であるので、生物圏保護区の場合はむしろ自然環境保全法の方に親近性がある。それに特別地域というのは地主である林野庁の施業との調整をはかる地域であり、第一種でも一〇パーセント、第二種で三〇パーセントくらいの施業が可能なのである。したがって、知床半島の伐採問題でも伐採する営林局の方からすれば法的に違反していないということになる。しかもヘクタールあたり数本ほどを伐って、ヘリコプターで集材するのだから問題はないというのである。このことはテレビや新聞で報道されたとおり、老令過熟木を伐るはずだったのが壮令木であり、ヘリコプターで集材しても伐採時の衝撃による森林破壊があり、極めて中途半端な施業行為に終った。自然公園の場合も、自然環境保全地域の場合も、林業との調整地域ではない真の意味のバッファーゾーンを設け、その外側に施業地域をおくべきである。ヘクタール当り数本を伐るだけなどといわず、守るところはいさぎよく守る、施業をするところはするというふうにしたいものである。しかもここにユネスコの世界遺産条約の国内法を設けて、法的にも生物圏保護区が守れるようにしたい。遺産条約は九六カ国が加盟しているが、わが国はまだ批准していないことはまことに情ない。

（五）野生動物のすみか

知床半島の林でもシマフクロウやクマゲラ、ヒグマのすみかが問題になり、白神山のブナ林ではクマゲラが、沖縄のヤンバルの森ではノグチゲラやヤンバルクイナが問題になった。それらの稀少種がすんでいるということは、それだけの環境条件が充たされているからである。ところが伐る側の対応としては、調査団を派遣して調べたがいなかった、だから伐ってもよいという子供だましの論理をもち出してくるのである。現在いるいないではなく、住める環境のところは残すというのでなくては困る。白神山でもクマゲラの住みかとして一番いいところが施業対象や自然観察教育林として考えられているが、一六〇〇〇ヘクタールのコアエリアは全く手をつけないということでありたい。

このブナ林でも伐採に一番敏感に反応したのは漁業組合の人たちであったということは極めて教訓的である。伐採によって土砂が流れこみ河川がにごると、イワナのような魚がとれなくなることを彼らは肌で知っているのである。しかも青秋林道を完成させるために障害になるということになると、農林水産大臣がかつて指定した水源涵養保安林や土砂崩壊防止保安林を自ら指定解除に合意してしまうという不思議な現象がおこる。イギリスでは、そういう問題がおきた場合は監査官は三人の委員を任命し、要するに第三者的機関によって道路建設の可否を検討するという。わが国の場合はアセスメント法もなく、閣議諒解と条例でやっているのであるが、石垣島白保の空港問題でもわかるように、事業者である県が自ら（実際はコンサルタント会社にたのんで）「影響は軽微である」といった結論を出す。代替案の検討などはアセスメントの中に入ってこないのである。IUCNなども空港そのものに反対しているのではない。アオサンゴを中心とするすばらしいサンゴ礁生態系を保護するため、陸上の代替地を求めているのである。

野生動物といえば、私の身近にはニホンザルがいるのであるが、千葉県では五〇群約五〇〇〇頭の生息が推定されている。その一部は国の天然記念物に指定されているのであるが、この群れには餌づけを行ったために、二〇数年の間に個体数が三倍に増え、周辺の農作物被害もひどくなった。そのため度々有害鳥獣駆除の対象になって捕えられた。こうして地元住民、研究者、自然保護団体などが反目する状況がつづいたが、数年前から文化庁の肝入りで、群れを指定地域内に追いこむ作戦がすすめられ（電気柵、猟犬の見張りなど）、餌づけも徐々にやめ、その地域の県の造林地伐採あとは雑木林にもどし、サルの好む実のなる木などを植えるということで状況が好転しつつある。はじめは人間がサルの生息地を奪ったから悪い、人間が撤退すべきだといった議論もあって大分険悪であったが、今は県有林、地元住民、研究者が手をとり合って自然（野生動物）と人間の共存をはかろうという線で進んでいる。身近な例であるが、参考になると思う。

三、持続的利用の論点

(一)「捕鯨問題」の議論から

人間と自然の共生を考えるとき、まず頭に思い浮かぶのが捕鯨問題である。

一九七二年の国連人間環境会議の天然資源部会において、商業捕鯨は一〇年間のモラトリアム、つまり捕るのはやめようという提案があったが、そのとき私は日本政府の代表顧問として出席し、その様子をつぶさに見聞した。これは学会ではなく政府レベルの国際会議なので、専門家ではなく国連大使が意見を述べるのだが、日本側の論法はサステインド・イールド（Sustained yield）、すなわち持続的収穫ということだった。つまり全体の資源量を減らさないように案配しながら捕るとすれば、年間何トン収獲するのが適当か、という趣旨である。

最大限どれだけ捕れるのかというのは鯨の種類によっても違うが、日本はもっぱら最大持続的収量（MSY＝Maximum Sustained Yield）の論法で世界に立ち向かった。しかし全然相手にされなかった。論理的に反論するというのではなく、特に欧米は、日本のそういう理屈を聞くのさえイヤだ、という態度だった。

地球上で最大の知恵のある動物を残酷なやり方で殺すのは許せない、という意見一本やりだった。新聞を見ると、野蛮な日本人が槍をもって鯨の背中に乗っている大きなマンガが載っているし、街に出ると、大きな鯨の模型をかついだデモ行進が、日本はけしからん、と叫んでいる。喫茶店に入ったら、鯨の泣き声のレコードまで流していた。私はその後このテープをアメリカで買ってきた。必ずしも泣いているようには聞こえないが、日本の船団に殺されて泣き悲しんでいる、という解説がついていた。これは欧米のロマンチシズムだ、と一言でいう人もいるが、いまはやりの言葉でいえば、バイオエシックス（生物倫理）すなわち生きものにはみな生きる権利があるという論法だ。人権ではなくて動物の権利（アニマル・ライト）といういい方もほぼ同じだ。

こういう風にまるで論点が違うわけだ。日本は鯨をあくまでも資源としてみるし、向こうは人間と同じ動物としてみるから、まるっきり噛み合わない。

投票の結果、日本は惨敗した。

その後、世界捕鯨委員会などで巻き返しを図り若干支持票も増えたが、アメリカは、捕鯨を続けるなら二〇〇海里以内の漁業は一切許可しないという力の論法に出てきて、とうとう屈伏したというのが現在の状況だ。

いずれにしても自然に対する考え方として、「持続性」という論点を、きっちりおさえておく必要があると思う。

（二）森林とは何か

そのころ私は、もう一つ別の国際会議に出席した。それはサステインド・フォレストリー（持続収量林業）というテーマの会議で、林業を持続的にやるにはどうしたらいいかというものだった。

毎年同じぐらいの木材がとれることが持続性だと誰もが考えると思うが、その会議ではそうではないというのが基本的な考え方であった。

森林というものはもちろん木材資源を提供するが、その他に水保全（ブナ林などは特に強い保水力を持っている）や土壌保全の機能を持っているし、人間にとってはレクリエーションの場となり、野生動物にとっては住みかとなっているわけで、それら全てを収量の中に入れなければいけない、ということだ。だから林業という場合、木材生産だけを考えるのではなくて、森林はそうした全ての要素を含めた総合的資源として考えなければならない、という意見だった。

私はこの考え方に深い感銘を受けた。その後、こういう考え方が一般化してきて、一九八〇年にはUNEP（国連環境計画）とIUCN（国際自然保護連合）、WWF（野生生物基金）の三つの団体が一緒になって「世界保全戦略」という形で各国政府に勧告したが、日本政府はあまり真面目に取り組んだとはいえない。

その後、日本政府の提唱によってできた「環境と開発に関する世界委員会」の最終会議が、一九八七年二月に東京で開かれ、「東京宣言」が採択された。委員長がノルウェーのブルントラントという女性の総理大臣だったので「ブルントラント・レポート」とも呼ばれているが、これにも盛んに「サステイナブル」という言葉が出てくる。ただ私が気にいらないのは「持続的開発(サステイナブル・デベロップメント＝Sustainable Development)」という言葉をしきりに使っていることだ。開発をするということは持続性を失わせることだから、この二つの言葉は互いに矛盾している。にもかかわらず、いまこの言葉が世界中で使われるようになった。私は「持続的開発」ではなくて「持続的利用(サステイナブル・ユース＝Sustainable Use)」ないしは「持続的管理(サステイナブル・マネジメント＝Sustainable Management)」という考え方を強調したいと思う。

(三)「環境容量」と「持続的利用」

持続的利用というのは、利用しながらもいい状態がずっと続いていくことだ。私は長いあいだ、世界中の放牧地の調査をやってきた。何ヘクタールの草地は何頭の牛あるいは馬や羊を養う能力があるかということがあり、これを「牧養力」または「環境容量(キャリング・キャパシティ＝Carrying Capacity)」という。

環境容量以上の動物を放すと草が乏しくなってダウンするし、逆に一〇頭飼えるのに一頭しか放していないと、大きな草や灌木の類が生えてきたりして、きれいな放牧地ではなくなる。だからその草地がもっている能力・容量に対応した最も適当な家畜の数があるわけだ。そういう利用の仕方を「持続的利用」

という。

海でもそれに関連した例がある。

沖縄県の白保で、今までの飛行場を広げてジェット機が着陸できるようにするために、一五〇〇メートルの滑走路を二〇〇〇メートルにしたい、そのためにやむを得ずサンゴ礁を埋めるという計画が発表された。

白保というのは海辺に面した集落で、そこの人たちは毎日サンゴ礁に行って魚介類やノリといった海の幸を必要な分だけ収穫するという、伝統的な海の利用の仕方をして今日まで生活してきた。サンゴ礁がつぶされるとそういう生活ができなくなるということで、白保地区の人たちが反対し、それに呼応して研究者や自然保護団体の人たちも反対運動を起こした。それに対して一九八九年、沖縄県は突如として、その計画を北側に移動するという案を出した。

というのは、当初の予定地には青サンゴという世界でも稀な種類の、しかも長い年数（二〇〇〇年）を経たものがあって、それをつぶすということに対して世界的に非難の声が起こったからだ。

しかし、これは大して解決にはなりそうもないことは、国際自然保護連合のサンゴ調査団、日本自然保護協会、WWF日本委員会などの調査結果からもいえる。

白保の人たちが海の幸を利用してきたやりかたが、まさに「持続的利用」だ。まさに資源量に見合った利用の仕方をしていたから、生産力をずっと維持できていたということだ。沖縄本島のサンゴは、オニヒトデなどが発生してほとんどやられてしまったのだが、白保では毎日、海を利用しているものだから、オニヒトデが発生しても見つけ次第すぐ除去していた。だから白保地区に面したサンゴ礁では、オニヒトデの害は起こらなかった。こうした例をみてくると、海の場合でも陸の場合でも「持続的利用」という考え方が、人間と自然が調和して生活するための非常に重要な原則になる、と考えられる。

これを「持続的開発」といい換えてしまうと、リゾート開発も「環境に注意してやればいいんだ」という安易な考え方になり、自然がどんどん破壊されてしまうことになる。

何年か前に、富士宮市で開催された「富士山シンポジウム」に参加した。周りじゅうにゴルフ場ができて、日本のシンボルである富士山が危ない、もうこれ以上我慢できない、というテーマだった。日本中がそういう問題に直面している。

人間生活と自然環境の調和を図るためには、「持続的利用」という基本的な考え方が常に根底になければならない、ということを頭に入れておきたいと思う。

(四) モントレーという町の魅力

「持続的利用」的な考え方を実践しているリゾート地がある。アメリカのカリフォルニア州モントレーという町で、新しいタイプの水族館が有名だ。私も数年前に行った。

モントレーは二〇〇年ほど前までスペインの領土だった。その後アメリカが買い取ってアメリカ領になったわけだが、もともと捕鯨の非常に盛んなところで、捕鯨の基地として栄えた町だった。しかしその後、捕鯨はダメになり、モントレーの町もすっかりさびれていた。

そこで、町を再生させるための目玉として、ものすごく大きな水族館をつくった。そしてその水族館の目玉はラッコだ。モントレーの海岸にはもともとラッコが生息しており、水族館に行かなくても海岸でラッコを見ることができる。お腹の上に貝をのせて割って食べるという光景を海岸で肉眼で見られる。よそから珍しい動物を連れてくるのではなくて、もともとそこにいるラッコを水族館の目玉にしているわけだ。

よくできたと思うような驚くほど巨大な三階建ての水槽があり、その中にラッコがいる。水中にはジャイアント・ケルプという大きなコンブの林があり、その中をラッコが自由に泳ぎ回っている。その様子を、上からも横からも下からも見ることができ、それだけで一日中見ていても飽きない。

海岸で遠くからラッコを見るだけでなく、水族館へ行くと巨大な水槽の中を泳ぎ回っているラッコの行動をつぶさに見ることができる。これがものすごくおもしろい。館長に聞いたら一日に一五〇〇〇人から一七〇〇〇人ものお客さんがくるといっていた。

普通、水族館や動物園は、日常的には見ることができない珍しいものがいないとダメだ。

私が住んでいる千葉市が動物公園をつくった。ここの園長さんは見識のある方で、最初、珍獣、猛獣の類は入れないとがんばっていた。森林や草原をつくって、身近にいる山羊や子牛といった子供がさわれるような動物を入れて、動物園ではなく「動物公園」として楽しんでもらうんだ、と話していたのだが、来園者から象がいない、虎がいない、ライオンがいない、ゴリラがいないという声が強くなって、結局入れることになってしまった。珍しい動物がいないとお客さんがこないというのだ。

しかし、モントレー水族館では地元にいるものだけを入れることを原則としていて、十分楽しめる施設になっている。もちろんラッコという目玉がいたからそれができたという面もあるかもしれないが、日本でももっと工夫してもいいと思う。

また、モントレーは先ほどいったように二〇〇年前はスペイン領だったため、歴史的な遺産がたくさんある。普通だと、遺跡は博物館にするのだが、モントレーではそうしないで、今も修理しながらいろいろな目的に使っている。

例えば、昔、捕鯨基地の事務所だった建物は、そのまま手を入れないで公開している。この建物の前には、鯨の背骨を並べた珍しい舗装道路があるのだが、それもそのままにして見せている。しかし、ただ見せているだけではなくて、州立公園の事務所が管理して、中の部屋も外壁も屋根も昔の捕鯨事務所のままで、結婚式場としても有料で使っている。歴史的価値を残しながら、現在も実用的に利用しているというやり方は、非常におもしろいし、これもひとつの「持続的利用」だ。

もう一つモントレーで印象に残ったことがある。町を散歩していたら、文房具屋さんから、そこのご主人だと思われる年配の男の人が出てきて、「どちらからおいでですか。案内して差し上げましょうか」

と声を掛けてくれた。そして開店中にもかかわらず、三〇分くらい一緒に町の主なところへ連れていってくれて、ていねいに説明してくれた。

どうも、町中の人たちが外から来たお客さんに対して、そういう対応をしているらしい。もちろんお金をとるわけではない。見掛けた人に対してみんなでおもてなしをする、という考え方がいきとどいているのだ。一種のボランティア精神といえようが、みなさん自分の町に関する知識が豊富なのと、いかにもこの町が好きで誇りにしているという感じがあって、私は初めての経験だったが大変楽しく町を見ることができた。

そんなわけで、モントレーは人間と自然との共生、リゾート地のありかたなどを考える上でとても参考になる町だと思う。

(五)　ロンドンのど真ん中の緑

一九八七年、私はイギリスとオランダの二つのシンポジウムに参加した。ロンドンの方は「都市の中の緑」、オランダのデルフトでは「都市を再活性化するための緑」という似たようなテーマだったので、参加者もたいていの人が両方出席していた。

ロンドンで特に印象に残ったのは、雑木林や草原の復活、河川の浄化に力を注いでいるということだった。

都市の再開発事業として、壊すのに大変手間のかかる石造りの家を壊していたが、そうすると半端な空地ができる。イギリスでは個人の財産を公共の目的のために寄付すると、遺産相続のときなどに税金がかからないという税制の優遇措置があるので、ロンドンのど真ん中でも土地を寄付する人がいる。

一ヘクタールとか二ヘクタール程度の狭い土地だが、それをエコロジーパークとかネイチャーパークにすることが多くなっている。それは、ハイドパークとか日本の日比谷公園といった、これまでの都市公園とは違って、園芸品は一切植えないというのが原則。花壇などはつくらず、日本流にいえば昔の武蔵野雑木林を復活させるという感じで、もともとそこにあった雑木林や草原を復活するわけだ。

また、ロンドンのど真ん中のエコロジーパークに小川が流れているが、電力会社が循環水路を寄付したので、そこには小魚がいたり水草が生えたり、とても浅いので子供が遊んでも全然心配がない。

最近日本の都市でもみられるようになったが、ロンドンではエコロジー・パーク・トラストという団体と、大ロンドン市のエコロジー・ユニットという部局が共同で強力に推進している。郊外に緑があるのは珍しくないが、都市のど真ん中で緑が楽しめるようになっている。

私が館長をしている千葉県立中央博物館でも、同じ趣旨の生態園をつくった。博物館というと、建物の中で展示物を見るだけという感じだが、私はそれだけでは本来の博物館の機能の半分だと思う。半分は外へもっていくべきだ。だから小規模だが、アニマル・ルームをつくって動物を飼っているし、外には生態園をつくって千葉県の森林や草原や海岸の代表的なものを配置しているし、池のまわりの野鳥観察舎ではバード・ウォッチングができる。

さらにいま計画しているのは、山と海の分館だ。千葉県内のどこかにそういう場所を設定して、そこへ行けば、より一層千葉県本来の自然に接することができる、というふうにしたいと思って計画した。海の分館は予算や人もついて、勝浦市の海中公園の隣につくられつつある。

こうしたことは、市町村単位でもどんどんやっていくべきだと思う。

(六)　森と動物学者の発想

オランダで印象に残ったことは、あそこは埋め立て地が多くて森林はほとんどないはずなのに、デルフトの近くには立派な森林がある。その森林に入っていくとブナの巨木があり、下草や蔓草が生えていて、全く自然林のように見える。

オランダにもこういう自然林があったのかと思いながら歩いていたら、「○○教授の設計による」という看板が出ていた。つまり、全部つくった森林なのだ。ただし、適当につくったわけではない。そこはブナ林だったが、ブナ林に関するヨーロッパで書かれた研究論文に基づいて、徹底的に自然に似せてつくってあるから、私のような専門家でもついだまされてしまうのだ。

ひとつ感心したのは、森林を通り抜けて道沿いに出ると、幅の広いところで五〇メートル、狭いところで一〇メートルぐらいの緑の廊下（コリダー）がある。森と森のあいだが緑の廊下でつながっているわけだが、どういう理由かと聞いたら、リスやムササビなどの野生動物が、緑が途切れると移動できなくなるのでこういうものを設けているということだった。
これは全部動物学者の発想だ。動物の生息場所としての森という発想があるからこういう工夫が出てきたわけで、植物学者だけだとこういう発想は出てこなかったであろう。

以上、ロンドンとオランダの事例は、緑で都市を再活性化するための実例として取り上げた。モントレーは、新しいタイプの水族館や、町をあげて全員がボランティア精神で、外から来た人に対して、歴史的特性や自然を紹介してくれたことが、のちのちまで忘れえない深い感銘を受けたので触れたのである。

これらは特殊な例で、どこでもすぐにできることではないかもしれない。しかし、地域の持つさまざまな側面を総合的に生かして、魅力のある、もう一度あそこへ行きたいというまちづくりをしていくためには、参考になると思う。

そして、それらの考え方の基本には、「持続的利用」という姿勢を常に据えていただきたい。それが人間と自然が仲良く暮らしていくための基本的ルールだと思う。

四、自然環境の賢明な利用

(一) ワイズユース＝賢明な利用とは

ウェットランドに関する条約がラムサールで締約(一九七一)され、現在八〇カ国近くが加盟している。日本も加盟(一九八〇)してして、今回、釧路で会議(一九九三)が行われた。

ウェットランドというのは直訳すれば湿地だが、狭い意味での湿地ではなく、湿原のような、あるいは湖沼、河川、海域では干潟や遠浅の海、それからマングローブの林など、そういうものをすべて含めてウェットランドといっている。

そこでの一つのキーワードが、ワイズ・ユース(wise use)という言葉であった。賢明な利用ということだが、実はそれに似た言葉が四〇年くらい前からあった。IUCN(国際自然保護連合)が発足した時に、自然保護とは何かという定義づけを論議したことがある。その時に英語でプロテクション(protection)、コンサベーション(conservation)という二つの言葉が使われた。IUCNの前はIUPNといい、IUは国際連合、PNはプロテクション・オブ・ネイチャー、これを国際自然保護連合の英語の名前にしていたわけである。

ところが、一〇年も経たないうちにIUCNと名前を変えたのであった。世界的な団体の名称を変えるわけだから、よほどはっきりした根拠がないといけないわけである。その時にCNとPNがどう違うかという議論があり、日本語でいうと両方とも自然保護になるのだが、PNの方は、そこは大事なところだから絶対手をつけないで守っていく、ということになる。ところが、そういう自然保護がどんどん広がると、われわれ人間が利用する自然の資源が利用しにくくなるので、CNに変えたわけである。

Conserveというのは保守という意味で、自然保護でいうコンサベーション・オブ・ネイチャー(conservation of nature)、ネイチャー・コンサベーション(nature conservation)になる。このようにPNではなくCNにしたのは、自然保護というのは、そこに絶対に手をつけないで、入らない、いじらない、触らないというものから、そういうものも必要ではあるが、同時にわれわれは自然資源を利用しなくてはならないので、そこで賢明に合理的に利用する(ワイズ・アンド・ラショナル・ユース=wise and rational use)という言葉を使っている。賢明に合理的に利用し、自然の資源を賢く、かつ理屈にあったように使っていくことが、実はそれが本当の自然保護なんだと、四〇年くらい前にいわれたわけであった。

ところが今度のラムサール条約では、ワイズ・ユースということで、賢明な利用ということになっている。これでは合理的というのが欠けてしまい、私は一部賛成ではあるが、全面的に賛成はできないのである。

昨年の六月、ブラジルのリオ・デ・ジャネイロでいわゆる地球サミットが行われた。正確には、「環境と開発に関する国連会議」ということで、その地球サミットの時のキーワードはサステイナブル・デベロップメント(sastainable development)ということであった。しかし、私はこれには非常に反対である。

開発というのは、ある状態を変えるということ、持続可能というのは、いい状態を継続するということである。これは矛盾した考え方で、持続可能な開発ではなく持続可能な利用とか、持続可能な管理というい方をすべきだと以前からいっていたが、今度のラムサール条約の会議でも湿地を賢く利用するという方に非常に力を入れていた。利用面だけを強調するということは、どうも問題があると思う。持続性というが、良い方に持続するということと、それにみあったような管理をして良い状態が続くようにしないといけないと思うのである。

自然環境をどうするかということについても、いろいろな考え方がある。一九九二年の三月に京都でワシントン条約締約国会議というのが開かれた。ワシントン条約というのは、「絶滅の恐れのある野生動植物の国際取り引きに関する条約」という非常に長い名称の条約である。それを受けて日本の環境庁は、「絶滅の恐れのある野生動植物の種の保存に関する法律」（絶滅法）を国会に提出した。これは幸いにして国会を通過したが、一番基になる環境基本法は、国家の解散でふっ飛んでしまった。もういっぺんやり直しである。

（二）世界遺産条約に二〇年間未加盟だった日本

世界遺産条約というのが話題になった。日本がその世界遺産条約に加盟することに決まったわけである。世界遺産条約というのは、驚いたことに今から二一年前、一九七二年に人間環境会議がストックホルムで行われた年に通った条約なのである。正確には、「世界の文化遺産と自然遺産の保護に関する条約」というのだが、略称として世界遺産条約といっている。この世界遺産条約に二〇年間も日本は加盟しなかったわけだが、私どもが外国の会議などに行った時に、日本のような先進国がなぜ政治的な意味合いのない条約に加盟しないのだと、常に非難されてきた。やっと二〇年を費やして加盟したのである。

なお、遺産条約に加盟を申請するとなると、その候補地を出さなくてはいけないわけで、そこで自然遺産として日本で最大のブナ林である白神山のブナ林を候補地に上げることになった。ところが、そこでは秋田と青森の中間の白神山中に計画されている青秋林道をめぐって大問題になっていた。

東北地方には昔は多くのブナの林があったが、林野庁はブナ林退治ということで片っ端からブナ林を切って、スギ、ヒノキ、カラマツを植えてきた。最後に残ったのが白神山のブナ林であった。現在、四六〇〇〇ヘクタールくらい残っていて、日本で最大のブナ林を形成している。

ここにはクマゲラという真黒なキツツキがいる。このキツツキは北海道にはいるが、本州にはいないといわれてきて、学校の教科書にもそう書いてあったが、白神山中で生息が確認されたのである。これらを含めて、非常に特色があるので候補地にあげることが決まったのであった。

もう一つの候補地は屋久スギで有名な屋久島である。自然遺産としては、この二カ所を候補に、文化遺産では法隆寺と姫路城をあげた。これは審査があり、世界的な基準に照し合せて決まるわけで、今年の末頃には結果がわかると思われる。

ところがラムサール条約の場合は、いままでの四カ所が九カ所になったとよく宣伝されているが、まだ大事なところがたくさんある。しかも政府が登録すれば審査はないわけで、例えば一〇出せば一〇通るわけである。しかし、むしろ問題は非常に大事なところで指定されていないということである。その中には地方自治体などで埋立てを計画しようとしているところもあり、候補にあげても反対されることが多い場合もあるわけである。

このように、自然環境の問題について、条約やあるいは国際会議が目白押しの状態である。

(三)「木を切るなら私を切れ」

日本は風土的に見ると、北海道、東北、関東以南、それから奄美大島以南と大きく四つに気候的に分れている。

北海道は亜寒帯といわれている。亜寒帯という言葉が適切かどうか問題があるが、とにかく最も寒いところである。そして、森林としては針葉樹と落葉樹と広葉樹が交じった混合林が北海道の特色である。ところが、知床で問題が起こった。知床一帯の国立公園の木を林野庁が切るというのである。これに対して多くの人が反対の声をあげた。

そもそも、国立公園というのは環境庁の管轄なのだが、その土地のオーナーは林野庁となっている。どちらでも同じようなものだと思うが、日本の場合、林野庁がもっている国有林を借りた格好で国立公園にしているわけである。そのためにゾーニングといって、地域を分けている。それぞれ第一種、第二種、第三種の特別地域、普通地域となっている。これはほとんどが林業との調整で、第一種特別地域というのは一〇パーセントぐらいが択伐でき、第二種特別地域は三〇パーセントぐらいが伐採可能である。

オーナーである林野庁が、以前は木材に適した針葉樹が欲しかったのだが、最近になって赤字財政で台所事情が切迫していたこともあり、落葉樹、広葉樹という真っ直ぐ育たない木は木材としては駄目だといわれていたものが、家具材としてかえって値が高くなってきて、国立公園内の広葉樹だけが欲しくなったのでなないだろうか。

その近くの斜里町というところで一〇〇平方メートル運動というのがあった。一人が一〇〇平方メートルを買って地主になり、森林を復活させる運動である。私も一〇〇平方メートルを八〇〇〇円で買って地主になっている。この日本における最初のナショナルトラストといわれる運動があったすぐそばの国立公園の中の木を切りたいというのだから、北海道の多くの人たちが怒ったのも当然である。

インドのヒマラヤ地域の女性がやった有名なチプコ運動というのがある。チプコというのは抱きつくというヒンズー語で、木に抱きついて、木を切るなら私を切れという有名な話がある。インドのヒマラヤ地域の自然保護運動だったわけで、そのチプコ運動のためにインドの林野庁は木を切るのをあきらめたのであった。

しかし、日本の林野庁はあきらめなかった。知床でもチプコ運動をやったのだが、夜遅くなってテントに寝に戻ったらその間に木を切られてしまった。林野庁は「いや、われわれは自然破壊はしない」という。しかし、切った木を集材し運び出す際に、周りの他の木も駄目になる。すると「欲しい木を切るだけで、切った木はヘリコプターで集材する」ということになり、そしてその通りに実施したのだが、実はお金が掛かりすぎてちっとも儲からなかったという話であった。

(四) 異議申し立てで林道づくりをストップ

東北地方は落葉樹林の地帯であり、冷温帯といわれている。そこの森林は落葉樹で、ブナなどである。そして、前述したように青秋林道の問題がある。しかし、林道にかかって保安林があり、その保安林を解除しなくては林道はつくれないのであった。

ところが、保安林を指定したのは誰かというと農林水産大臣である。保安林というのは一七種類あり、中でも非常に重要なものは土砂崩壊防止保安林である。そういう重要な保安林は三種類ほどあって、これは大臣が直接指定することになっている。かつての大臣が指定したところを後の大臣が林道をつけるために解除するということになる。知事から申し出を受けたので、解除すると告示したわけで、それに対して多くの人たちから一万何千通もの異議申立書が出された。この異議申立てというのは、いちいち審査しなければならず、本人を一人ひとり呼び出して、理由を聞いて申立てを審査することになる。それが一万何千通もあったのでは、いつになったら終わるかわからない。とうとう林野庁も保安林の解除をあきらめ、つくりかけた道路を途中でやめたのであった。これは画期的なことであった。

(五) 消える照葉樹林地帯

関東以南は暖温帯である。関東地方から屋久島までが、この暖温帯だと普通いわれている。ここで一番発達した林は照葉樹林である。つまりツバキとかカシとかクスとか、葉が光っているような木で、常緑樹の広葉樹である。熱帯にも常緑樹が多いのだが、冬が寒い日本のこの辺りでは照葉樹が多い。照葉樹が多いところを照葉樹林地帯という。

ところが、実際は照葉樹林をほとんどみかけない。植えられたスギなどが目につくが、その他はみんな落葉樹である。この照葉樹林地帯でも、成立するのにだいたい五〇〇年くらいかかる。したがって、神社やお寺の杜などの場合は手をつけないので照葉樹林だが、大部分の林は落葉樹林である。照葉樹林地帯も常緑樹林地帯も、冬は葉を落とす落葉樹林が多い。東北地方はそうではなく、もともと落葉樹林が多い。関東地方から南になると、一番発達した林は照葉樹林である。それから一般的な林は二次林で、通俗な名称では雑木林といわれ落葉樹が中心となっている。

奄美大島から南、あるいは小笠原にかけては亜熱帯といわれる。亜熱帯の定義としては二通りの定義がある。一つは、月平均気温と年平均気温で定義されている。月平均気温の最低が一六度以上のとき、年平均では一八度以上ということになる。本州の場合は、例えば千葉県の一番南に位置する富崎がこれに入る。

もう一つの定義の仕方は、一〇度以下の月平均気温が四カ月以下の場合、あるいは二〇度以上の月平均気温が四カ月ないし一一カ月以内という、非常に面倒くさい定義の仕方である。これだと千葉県の一番南の方は亜熱帯にあたる。それでは千葉県に亜熱帯があるかというと基本的にはないと思う。しかし、房総半島の南端へ行くとハマオモトともいわれるハマユウが見られる。万葉の時代から歌に詠まれていて、漢字では浜木綿と書き、沿岸を通るフラワーライン沿いで見かけることができる。これは霜が降りるところには絶対に生えない植物であり、千葉県の南でもハヤユウの咲いているところは平均気温一六度以上の無霜地帯である。それで、ハマユウがあるから亜熱帯ということになるのだが、そういうわけではなく、房総半島の南端が亜熱帯にかかっているということであろう。

ところで、いまから一万年か二万年前を考えると氷河期は四回ぐらいあるが、最後の第四氷河期ころは現在の気温より八度くらい下回っていて、いまハマオモトが咲いている房州の南の一帯は年平均が一六度くらいだから、これから八度引くと年平均気温が八度くらいになる。八度となるとブナが生える。従って、房総の南の方までブナ林があったことになる。これは、東北地方とほぼ同じくらいだったと考えていいだろう。実際にブナの花粉や葉の化石が房州から発見されている。それからすると現在暖温帯になっているところも、かつては東北地方と同じようにブナ林があったことは明らかであろう。

(六) 開発と乱獲による絶滅

最近、鹿が非常に問題になっている。数は正確には把握できないが、一二〇〇〇頭ぐらいいるようだ。これに山ビルがついて農地にヒルを運んでくる。房総半島南部では、ヒルの害で農作業ができないという騒ぎになっている。このヒルを除去するということは大変なことである。私がヒマラヤに行ったとき、二五〇〇メートルくらいの場所にヒルの生息ゾーンがあり、そこを抜ける間にヒルにやられる。ヒルで死ぬことはないが、なかなか血が止らずに傷痕が化膿することもある。房総半島のヒルは田んぼにいるヒルではなく、山ビルである。

それから房総半島の南部に多いタナゴの一種で、国の天然記念物であるミヤコタナゴの数が減ってきた。一昔前は田んぼの周辺にたくさんいたのだが、絶滅に瀕している。

農業用水が原因のようである。今までのように小川が氾濫しても大したことはなかったのだが、高さ最低一二〇センチ、底もコンクリートの三面張の直線化した農業用水が全国的につくられ、小魚にとっての生息環境が大きく改変されたことにあるようだ。間接的には、農耕地の圃場整備がきっかけとなって数少ない動植物が絶滅の危機に瀕している。ほんの一例だが、世界的にも絶滅の問題が深刻な状況を迎えている。

そこで、絶滅に瀕する種類を記録しようということで、いま世界的にはレッド・データブックを作成している。レッド・データとは赤信号の種類ということである。

日本でも自然保護協会やＷＷＦ／Ｊで植物のレッド・データブックがつくられた。日本の種子をつける高等植物だけについて、三年ほど前に作成した。それによると、五三〇〇種類あった日本の高等植物は、その一七パーセントが絶滅に瀕していることが分かった。すでに絶滅してしまったものもある。

その一七パーセントの絶滅に瀕した理由というのが、一つは開発である。開発ではそっくりなくなってしまう。もう一つは山草業者、もしくは山草愛好者による乱獲である。ある場所で楽しむのはいいのだが、みんな抜いてもってきて家へ植え替えようとするのだろう。このように、開発並びに業者の乱獲によって、一七パーセントが絶滅に瀕しているということが明らかになった。現在、動物および植物群落のレッド・データブックもつくる予定である。それによって、また実態がはっきりしてくると思われる。

それから水辺の問題では、湖沼、河川だけではなくて海辺、つまり陸と海との境界である河口が問題になっている。長良川の河口などは、多くの人が河口堰に反対するといっているわけだが、それに対して建設省は、工事をしながら調査をするという無理なことを行なっている。

（七）計画アセスメントとモニタリングの必要性

そもそもアセスメントというのは仕事を始める前に実施し、それによって計画を検討してやるというのが本来の姿だが、日本ではアセスメントの法律がない。そこで、アセスメントの法律をつくれということを環境基本法に入れようとしたら、「法律をつくれ」ということを入れるというのは、他の省庁が大反対なのである。今度通過することになっていた環境基本法では、「アセスメントの法律をつくれ」ということは入らなかったが、「アセスメントの法律をつくった方がいい」というところまでは、書き入れることができた。ところが、国会の解散で全体が流れてしまった。

いずれにしても、日本ではアセスメントの考え方が間違っている。本来は計画アセスといって、開発する前、つまり工事を始める前に計画に関するアセスメントをやらなければならないのである。

これは今から二〇年以上前に、長良川河川堰問題で日本学術会議を中心審議していた。その時は利水のために河口堰をつって塩水が上がるのを防ぎ、真水を利用しようということだった。ところが水需要が減少し、今では水は要らないということになった。

千葉県でもそうである。東京湾岸の埋立地の工場地帯でも、初めは水が足りないと県に要求していた。そこで、大量の工業用水を供給することになったが、これにはコストがかかる。結局、工業用水はリサイクルして使った方が安いということになり、水は要らなくなった。そこで県は、供給する予定だった水が余ってしまうという事態になっている。

このように、全国いたるところで計画の齟齬をきたしているのが現状である。これは、事業計画に問題があるのは明らかであるが、特にアセスについて言及すると、何か事業があって開発に取り組む前に、まず計画そのものをアセスして、それから事業を始めたら、今度は事業に関するアセスをし、事業が終わったら、今度はそれが予想したとおりにできたかどうか事業のモニタリングをするというように、一貫したアセスメントとモニタリングをするべきである。ところが、形だけは閣議了解ということで、実際は地方自治体まかせである。中には、川崎市のように非常にしっかり実施している自治体もあるが、そうでないところが多いようだ。

しかも計画アセスもきちんとしないのに、わが国では事業アセス自体を事業者が行っている。これもずいぶん変な話で、事業者がやるアセスで悪いという結果を出すはずがない。こういう点を注意すればよろしいとか、影響は軽微だとかいって、結論は決まっているわけである。そういうアセスでは、日本の環境はよくならない。アメリカなどでは第三者が行ない、事業者はできない。これは当然のことである。そもそも、当事者が「こういう利用をすると悪くなりますよ」というはずがない。ところが、そのようなことが堂々と行われているのが実情である。

アセスメントが本当にきちんと行われるまでには、まだまだ時間がかかると思われる。その他に、日本全体からみますとスキー場にゴルフ場などの問題がある。多すぎる。

（八）自然公園法と都市公園法

以前、主として房総半島南部の都市の一〇年間の環境変化を県の依頼で調査したことがある。房総半島の南部の木更津から南の館山あたりまで、東京湾沿いの都市を中心に一〇年間の環境変化を調べたのである。

その結果、一つの都市の土地利用形態の変化で、例えば山林だったところが市街化したりして変化するわけだが、一〇年間で約五〇パーセントが変っているところがあった。その五〇パーセント変ったうちの半分は、全部ゴルフ場であった。後の残りが市街地化で、ゴルフ場と市街地化で全体の半分が変化していた。

例えば、東京駅から成田空港行きの電車に乗ると、ゴルフ道具をもった人が多く、不思議な光景である。それは、空港の周りにゴルフ場が多いからである。ゴルフ場の許認可は県が出すわけだが、空港の周辺の範囲は特別に許可がゆるくなっているそうだ。全国的にこういうことが非常に多いようである。

このような例を上げると、まだ多くの例がある。千葉の富津というところは自然の状態がよく残されているところで、戦後、私は何年か海岸植生の調査をやったことがある。そのため、私にとって富津の海岸沿いは特別の愛着をもっているわけだが、ある時訪ねると、醜悪な展望塔が建っているのであった。しかも、展望塔へは舗装道路がひかれている。ところがそこは、南房総国定公園の自然公園である。そういうところを舗装してプールができ、展望塔が建っているわけである。私は非常に憤慨して県のある課長に電話を入れ、「あれはいったい何だ」と文句をいったことがある。すると、課長にせせら笑われ、「先生は、法律を知りませんね」というのであった。つまり、国定公園は環境庁の管轄であったが、後から都市公園法をのせたというわけである。都市公園法だと展望塔を建てたり舗装したりしてもかまわないようだ。もともとの自然公園法というのは自然を楽しむためにつくられた法律で、同じところが都市公園法の対象になると、今度はその法律のほうが強いということになるという。課長の説明はそういうことであった。

このような事例をみると、自然環境というのは、壊す気があればいくらでも壊すことができるようになっていると思うのは、私だけだろうか。

（九）自然環境をめぐる法制定の流れ

そこで、それら関係の法律はどんなものがあるのだろうか。

徳川時代までは、藩によって自然保護というまでにはいかないが、自然保護的なことがいろいろあった。よく知られているのが、徳川三代将軍家光が行った「生類憐みの令」であろう。その他、様々な自然を保護する施策が行われていた。それが、明治になって幕府、藩が潰れると、二〇年間ぐらいはほとんど無法時代が続き、一切の法律がなくなった。その間に日本狼も絶滅し、その他いろんな動物や植物が絶滅したのが明治の初期の二〇年間であった。

明治の終わり頃になって初めて、当時の貴族院が天然記念物保存に関する建議案というのを出して天然記念物の保存がはかられた。そして、大正時代になって天然記念物保存法となり、戦後に文化財保護法になったのである。

ところで、文化財保護法というのも妙な名称で、自然と文化を一緒にして文化財保護法にしたわけだから、概念的に整合しない。今のところ文化財保護法として文化庁が管轄している。

森林については、国有林制度というのが明治の中頃にできた。林野だけで保護林制度をやっているわけだが、今から三年ほど前に保護林制度の改定が行われた。中でも、森林生態系保護地域という制度をつくり、白神山地のブナ林や知床の森林などがある日本で最も重要な森林地帯を保護地域に指定した。これは非常によかったと思う。それから一九三〇年代には国立公園法が、戦後になってから自然公園法ができた。これが現在の自然公園法である。

環境庁が一九七一年にでき、その次の年に自然環境保全法というのができた。これは、自然環境保全地域として、公園的な利用もしなという別の性格のものをつくったわけで、これは大いに評価できる。

この素晴らしい自然を守り、後世に引き継いでいくためにも、法律の整備が急務である。

編集後記

生態学会、植物学会、環境教育学会等のそれぞれの会長を務められ、国際的にも幅広く活躍された著者は、まさしく現代生態学の礎を築いた偉大な学者であった。また、日本自然保護協会会長、国際自然保護連合日本委員会委員長として、わが国だけでなく国際的にも自然保護の研究・活動を生涯にわたり歩んでこられた。

しかし、平成一三年（二〇〇一）一二月三〇日、突然だが静かに永久の旅にたたれた。享年八四歳であった。

謹んでご冥福をお祈りいたします。

本書の経緯だが、生前、ご自宅にお伺いし厖大な著作資料の整理を手伝いながら諫早湾干拓の話しに及んだ。ご自身東京湾の三番瀬埋立の是非に苦慮されていたこともあり、これら問題が繰り返される本質がどこにあるのかをお聞きしたところ、「環境と開発」の問題についてはかなり以前から様々な機会に書きとどめたものがあるので、整理がてら読んでみなさいと大きな“塊“を渡された。それは、雑誌・会報、新聞などに書い環境問題に関する著作であった。

ところで、当初はこのように本としてまとめるつもりではなく、お立場上、環境問題等で相談に来られる方や取材が多いので、その際にお渡しできる資料があれば思い、自身の勉強がてら整理するつもりであった。

しかし、生来の不勉強さと多忙を言い訳に数年が過ぎてしまい、そしてお渡しするはずのご本人が突然逝ってしまわれた。そこで、当初は先生の来客の方々にお渡しする資料と思っていたことでもあり、採点を得ないままだが、予定どおり手渡す資料のつもりで、少し小綺麗な表紙にして提出することとした。

このような経緯で刊行したわけだが、内容はいずれも環境問題の提起されたその時代背景を的確に把握し、それら問題の論点を明確にしているので、今日の環境問題の変遷と本質を理解する上でも大変参考になる一書と確信している。ただ、本書編集に関しては不適正、いたらぬ点等多々あると思われる。各位のご叱正をお願いする次第である。

なお、平成一四年末より一六年にかけ、「沼田眞著作集」全一五巻の刊行を予定している。現在、第一期五巻の編集に取りかかっており、詳細は新聞、関係雑誌、及び書店・生協で案内する予定である

最後に、本書を想い出のネパール・ヒマラヤの遥か遠く旅立たれた沼田眞先生といつもやさしく、そしていつまでもお元気でいていただきたい奥様に捧げます。

平成一四年（二〇〇二）八月

信山社編集部・四戸

---- 著者経歴 ----

沼田 眞（ぬまた まこと）大正6年（1917）茨城県生まれ

学歴 昭和17年 東京文理科大学（現筑波大学）卒業
25年 千葉大学助教授
39年 同 教授
44年 同 理学部長
58年 同 退官、同名誉教授
同 淑徳大学教授

略歴 昭和16年 初の学術論文「台湾の植物瞥見Ⅰ、Ⅱ」を発表。東京博物学会賞受賞
23年 初の著書「生物学論」（白東書館）出版
26年 「生物学史／科学史体系・9」（共著・中教出版）刊行
28年 主著のひとつ「生態学方法論」（古今書院）刊行。後の生態学をひとつの学問体系として確立するきっかけとなった。
47年 国連人間環境会議日本政府代表顧問
51年 日本生態学会会長
58年 紫綬褒章
同 日本植物学会会長
60年 秩父宮記念学術賞受賞
63年 日本学士院エジンバラ公賞受賞
同 日本自然保護協会会長
同 勲二等瑞宝章
平成元年 千葉県立中央博物館館長
2年 日本環境教育学会会長
10年 千葉県立中央博物館名誉館長

平成13年12月30日 永眠 享年84歳

環境問題の論点

2002年（平成14年）8月30日 初版発行

著 者 沼田 眞
発 行 者 今井 貴・四戸孝治
発 行 所 ㈱信山社サイテック／信山社出版
〒113-0033 東京都文京区本郷6－2－10
TEL 03(3818)1084 FAX 03(3818)8530
http://www.sci-tech.co.jp
発 売 ㈱大学図書（東京神田駿河台）
印刷／製本 ㈱エーヴィスシステムズ

 ISBN4-7972-2580-7 C3040